Biochemie - Zelle, Enzyme, Praktische Biochemie

Freya Harmjanz

Biochemie - Zelle, Enzyme, Praktische Biochemie

1. Auflage

Freya Harmjanz
Mainz, Deutschland

ISBN 978-3-662-60269-0   ISBN 978-3-662-60270-6   (eBook)
https://doi.org/10.1007/978-3-662-60270-6

Die Deutsche Nationalbibliothek verzeichnet diese Publikation in der Deutschen Nationalbibliografie;
detaillierte bibliografische Daten sind im Internet über http://dnb.d-nb.de abrufbar.

Zeichner: L42 AG, Berlin

Springer ist ein Imprint der eingetragenen Gesellschaft Springer-Verlag GmbH, DE und ist ein Teil von
Springer Nature.
Die Anschrift der Gesellschaft ist: Heidelberger Platz 3, 14197 Berlin, Germany

Die Zelle

Betrachtet man die Naturwissenschaften, so ist das Ziel bei den meisten das Ergründen der kleinsten Bestandteile. Die Idee dahinter, dass man besser versteht, wie etwas funktioniert, wenn man es in seine Einzelteile zerlegt und das Wesen sowie die Funktion eines jeden Teils nachvollzieht, ist absolut logisch. In der Physik fand man erst Atome, die dann aus Elektronen, Protonen und Neutronen bestehend beschrieben wurden. Derzeit ist das kleinste bekannte Teilchen ein Quark. Die kleinste physikalische Größe ist ein Quant. Die Chemie untersucht Moleküle, Atome und Ionen auf ihre Eigenschaften und Interaktionen, und die Biologie befasst sich mit den belebten und unbelebten Aspekten der Natur. In der Biochemie will man Wissen vereinen und in Kontext setzen, um eher das große Ganze zu betrachten, aber nichtsdestotrotz versucht man auch hier, immer tiefer in die Materie einzudringen. Chemische Eigenschaften und biologische Mechanismen sind das Grundgerüst für die kleinste funktionale Einheit des Lebens – die Zelle. Die Biochemie ist darauf angewiesen, dass andere Wissenschaften die Welt in noch kleinere Teilchen herunterbrechen, denn genau dieses Wissen kann wieder genutzt werden, um das Leben zu ergründen. Strahlung und physikalische Kräfte sind unverzichtbare Werkzeuge, um Molekülstrukturen zu entschlüsseln. In diesem Buch soll die Zelle Kapitel für Kapitel in ihre Einzelteile zerlegt werden, damit sie im Band Energiestoffwechsel in Betrieb genommen werden und im Band Regulation, Blut, Krankheitserreger wieder im System Mensch zusammengesetzt werden kann.

Wie dieses Buch am besten zu lesen ist

Da die Biochemie die natürliche Symbiose der Biologie und Chemie ist, setzt dieses Buch einen Basiswissensschatz aus beiden Fächern voraus. Grundlagen, die für das Verständnis der Zusammenhänge wichtig sind, werden angesprochen, aber nicht in aller Ausführlichkeit beschrieben. Auch mathematisch werden die für das gesamte Medizinstudium nötigen Grundkenntnisse vorausgesetzt – aber keine Sorge, es kommt nicht allzu viel Mathe vor.

Viele Bereiche der Biochemie überschneiden sich jedoch auch mit der Physiologie. Hier eine klare Grenze zu ziehen, gestaltet sich schwierig, weswegen einige Themen mehr in die physiologische Tiefe gehen.

Bei größeren Stoffwechselvorgängen gibt eine Tabelle zu Beginn des jeweiligen Abschnitts eine Übersicht. Sie gliedert auf einen Blick Substrate, den Ort, das Ziel, die groben Reaktionsschritte und ggf. den Zeitraum und den Grund für die Reaktionen.

Wer-Wie-Was

Wer	
Wo	
Was	
Wie	
Wann	
Warum	

Wenn möglich, sind Reaktionsschritte in den Abbildungen mit Zahlen versehen, die sich im Text wiederfinden.

Denkstützen

... sollen die Grundlagen wieder ins Gedächtnis rufen oder eine interessante Verknüpfung herstellen, damit Themen besser verstanden bzw. behalten werden können.

Fallstricke

... weisen auf häufige Verwechslungen und Missverständnisse hin.

Inhaltsverzeichnis

Über die Autorin

Freya Harmjanz

geboren 1992 in Berlin, studiert seit 2016 Humanmedizin an der Johannes Gutenberg Universität in Mainz. Zuvor leistete sie mehrere Volontariatsaufenthalte in Südafrika. Zudem absolvierte sie ihre Ausbildung zur Rettungsassistentin an der Johanniter Akademie Berlin und beim BRK, Kreis Miltenberg-Obernburg.

Von 2015–2016 arbeitete sie in der medizinischen Grundversorgung einer Flüchtlingserstaufnahmestelle.

Neben dem Studium arbeitet sie weiterhin im Rettungsdienst und als Dozentin für internistische Notfallversorgung (AMLS).

Ihr Interesse für Biochemie hat sich erst während ihres Studiums entwickelt und findet nun Ausdruck in dieser Buchreihe.

Abkürzungsverzeichnis

ABP	Androgen-bindendes Protein	CoA	Coenzym A
ACAT	Acetyl-CoA-Acetyltransferase	COMT	Catechol-O-Methyltransferase
ACE	Angiotensin-Converting-Enzym		
ACP	Acyl-Carrier-Protein	COX	Cyclooxygenase
ACTH	adrenocorticotropes Hormon	CPS	Carbamoylphosphat-Synthetase
ADH	antidiuretisches Hormon		
ALA	Aminolävulinsäure	CPT	Carnitin-Palmitoyltransferase
ALAT	Alanin-Aminotransferase		
AMP	Adenosinmonophosphat	CRBP	Cytosolic retinol binding protein
ANP	atriales natriuretisches Peptid		
Apaf-1	Apoptotic protease activating factor 1	CREB	cAMP response element binding protein
APC	antigenpräsentierende Zelle	CRH	Corticotropin-Releasing-Hormon
APP	Akute-Phase-Protein		
ASAT	Aspartat-Aminotransferase	CRISPR	Clustered regularly interspaced short palindromic repeats
ATP	Adenosintriphosphat		
Bad	Bcl-2 antagonist of cell death	CRISPR-Cas9	CRISPR-associated protein 9
BCKDH	Branched chain ketoacid dehydrogenase kinase	CRP	C-reaktives Protein
		CTP	Cytidintriphosphat
Bid	BH3 interacting domain death agonist	CTR	Calcitoninrezeptor
		dATP	Desoxyadenosintriphosphat
BNP	B-Typ natriuretisches Peptid	dCMT	Desoxycytidinmonophosphat
cAMP	zyklisches Adenosinmonophosphat		
		DHEA	Dehydroepiandrosteron
CaSR	Calcium-sensitiver Rezeptor	DHF	Dihydrofolat
CBG	Corticosteroid binding globulin	DHT	Dihydrotestosteron
CdK	Cycline-dependent kinase	DISC	Death-inducing signalling complex
cGMP	zyklisches Guanosinmonophosphat		
		DNP	Dinitrophenol
CGRP1	Calcitonin gene-related peptide 1	dTMP	Desoxythymidinmonophosphat
CLIP	Corticotropin-like intermediate peptide		
		E1	Östron
CMP	Cytidinmonophosphat	E2	Östradiol
CNP	C-Typ natriuretisches Peptid	E3	Östriol

ECM	Extrazellulärmatrix	HIV	humanes Immundefizienzvirus
ECP	Eosinophil cationic protein	HMG-CoA	Hydroxymethylglutaryl-Coenzym A
EDTA	Ethylendiamintetraessigsäure		
eEF	eukaryotischer Elongationsfaktor	HPLC	High Performance Liquid Chromatography
eIF	eukaryotischer Initiationsfaktor		
ELISA	Enzyme-Linked Immunosorbent Assay	ICAD	Inhibitor der Caspase-aktivierten DNAse
ENaC	Epithelial Na$^+$ channel	IEF	isoelektrische Fokussierung
EPO	Erythropoetin	IFN	Interferon
ER	endoplasmatisches Retikulum	Ig	Immunglobulin
eRF	eukaryotischer Terminationsfaktor	IGF	Insulin-like growth factor
		IL	Interleukin
FAD	Flavin-Adenin-Dinukleotid	IMP	Inosinmonophosphat
FADD	Fas-associated death domain containing protein	INR	International Normalized Ratio
		IRD	Inner-ring-Deiodase
FEN-1	Flap endonuclease 1		
FMN	Flavinmononukleotid	JAK	Janus-Kinase
FSH	follikelstimulierendes Hormon	LDL	Low density lipoprotein
G3PD	Glycerin-3-phosphat-Dehydrogenase	LH	luteinisierendes Hormon
		MAC	Membrane attack complex
GABA	Gamma-Aminobuttersäure	MAPK	Mitogen-activated protein kinase
GF	Growth Factor		
GH	Growth Hormone	MAO	Monoaminoxidase
GHRH	Growth-Hormone-Releasing-Hormon	MASP	MBL-assoziierte Serinprotease
		MBL	Mannose-bindendes Lektin
GLDH	Glutamat-Dehydrogenase	MBP	Major basic protein
GLP1/2	Glucagon-like peptide 1/2	MC2	Melanocortin 2
GLUT	Glucosetransporter	MHC	Major histocompatibility complex
GMP	Guanosinmonophosphat		
GnRH	Gonadotropin-Releasing Hormon	MSH	Melanozyten-stimulierendes Hormon
GOT	Glutamat-Oxalacetat-Transaminase	NAD	Nikotinamid-Adenin-Dinukleotid
GPT	Glutamat-Pyruvat-Transaminase		
GTP	Guanosintriphosphat	NADP	Nikotinamid-Adenin-Dinukleotid-Phosphat
H_2O_2	Wasserstoffperoxid		
hCG	humanes Choriongonadotropin	NES	Nuclear export sequences
HDL	High density lipoprotein	NFκB	Nuclear factor of Kappa light polypeptide gene enhancer in B-cells
HIF	Hypoxia-inducible factor		

NK-Zelle	natürliche Killerzelle		SHBG	Sexualhormon-bindendes Globulin
NLS	Nuclear localization sequence		SHMT	Serin-Hydroxymethyltrans-ferase
OAT	Ornithin-Aminotransferase			
OMP	Orotidinmonophosphat		Smac	Second mitochondria-deri-ved activator of caspase
ORD	Outer-ring-Deiodase			
ORI	Origin of replication		snRNP	small nuclear Ribonucleo-protein
PAF	plättchenaktivierender Faktor		SOCS	Suppressor of cytokine sig-naling
PALP	Pyridoxalphosphat			
PAMP	Pathogen-associated molecu-lar pattern / Pyridoxaminphos-phat		SRBP	Serum cytosolic retinol bin-ding protein
PCR	Polymerasekettenreaktion		SRP	Signal recognition particle
PCSK9	Proproteinkonvertase Subtili-sin/Kexin Typ 9		SSBP	Single-stranded binding protein
PDE	Phosphodiesterase		StAR-Protein	Steroidogenic acute regula-tory protein
PDH	Pyruvat-Dehydrogenase			
PEP-CK	Phosphoenolpyruvat-Carbo-xykinase		STAT	Signal transducer and acti-vator of transcription
PFK1/2	Phosphofructokinase 1/2		TAG	Triacylglycerid
PKU	Phenylketonurie		T_3	Triiodthyronin
POMC	Proopiomelanocortin		T_4	Thyroxin
PPAR	Peroxisome proliferator-acti-vated receptor		TBG	Thyroxin-bindendes Globu-lin
PPR	Pattern recognition receptor		TCR	T-Zell-Rezeptor
PRL	Prolaktin		TGF	Transforming growth factor
PRPP	Phosphoribosylpyrophosphat		THF	Tetrahydrofolat
PTH	Parathormon		TIM	Transporter of the inner membrane
RAAS	Renin-Angiotensin-Aldoste-ron-System		TLR	Toll-like-Rezeptor
RANKL	Receptor activator of NF-κB ligand		TNF	Tumornekrosefaktor
			TOM	Transporter of the outer membrane
ROMK	Renal outer medullary K+ channel		TPO	Thyreoperoxidase
RPA	Replication protein A		TR	T_3-Rezeptor
RXR	Retinoid X receptor		TRAK	TSH-Rezeptor-Autoanti-körper
SDS-PAGE	Sodiumdodecylsulfat-Poly-acrylamid-Gelelektrophorese		TRE	T_3 response element

TRH	Thyreotropin-Releasing-Hormon	UMP	Uridinmonophosphat
TSH	Thyreotropin	UDP	Uridindiphosphat
		UTP	Uridintriphosphat
UCP1	Uncoupling protein 1	XMP	Xanthosinmonophosphat
VLDL	Very low density lipoprotein	vWF	von-Willebrand-Faktor

Zellaufbau

Inhaltsverzeichnis

© Springer-Verlag GmbH Deutschland, ein Teil von Springer Nature 2021
F. Harmjanz, *Biochemie - Zelle, Enzyme, Praktische Biochemie*,
https://doi.org/10.1007/978-3-662-60270-6_1

1

Die Zelle, der kleinste Baustein des Lebens, enthält alles, was die Funktionseinheit des menschlichen Körpers braucht. Alle haben sie den gleichen Bausatz und trotzdem gleicht kaum eine der anderen. Es gibt kubische, rechteckige und unförmige Zellen, Zellen, die basal glatt und apikal mit einem Bürstensaum auffallen, Zellen, deren Kern fast ihr gesamtes Zytoplasma ausfüllt, und wieder andere haben gar keinen Kern mehr. Die Grundlagen des Zellaufbaus und die einzelnen Funktionen zu kennen, erleichtert es im Nachhinein ungemein, sich räumlich vorzustellen, was bei komplexeren Stoffwechselwegen passiert. Das gesamte Kapitel ist diesem Zweck gewidmet (◘ Abb. 1.1).

◘ **Tab. 1.1** Mineralstoffkonzentrationen

	Intrazelluläre Konzentrationen	Extrazelluläre Konzentrationen
H_2O	ca. 70 % des Zellvolumens	variabel
pH (H^+)	7,0 mmol/l	7,45–7,55 mmol/l
K^+	150 mmol/l	5 mmol/l
Na^+	14 mmol/l	145 mmol/l
Ca^{2+}	10^{-5} mmol/l	2 mmol/l
HCO_3^-	12 mmol/l	24 mmol/l
Cl^-	10 mmol/l	100 mmol/l
Proteine	ca. 50 % des Zellgewichts	variabel

1.1 Zytoplasma

Das Zytoplasma ist vergleichbar mit der Ursuppe. Eine Flüssigkeit mit bestimmtem pH-Wert und bestimmten Mineralstoffkonzentrationen, die es der Zelle ermöglicht, sich von seiner Umgebung abzuheben. In ihr kommen lösliche Stoffe vor, die je nach Lokalisation wieder unterschiedliche Konzentrationen aufweisen. So haben z. B. Lysosomen aufgrund ihrer Funktion einen besonders niedrigen pH von 5. Die Mitochondrienmatrix wiederum hat einen höheren pH von ca. 8, damit zum Intermembranraum ein elektrochemischer Gradient entsteht. Ohne diesen könnte die Hauptaufgabe der Adenosintriphosphat(ATP)-Synthese nicht bewerkstelligt werden. Alles, was nicht löslich ist, muss in Zellkompartimente verpackt sein. In der ◘ Tab. 1.1 sind Näherungswerte für einige Konzentrationen angegeben. Viele davon sind besonders relevant für Signaltransduktionen und Transporter. Manche variieren um einen Richtwert, je nachdem in welchem Aktivitätszustand die Zelle gerade ist oder zu welchem Gewebe sie gehört.

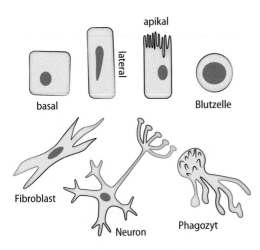

◘ **Abb. 1.1** Zellformen. Bei statischen Zellen kann man meist eine Ausrichtung von basal nach apikal ausmachen. Runde Zellen kommen vor allem im Blut vor. Fibroblasten, Neurone und Phagozyten sind durch asymmetrische Zellformen gekennzeichnet

1.1.1 Zellorganellen

Als es noch kein richtiges Leben auf der Erde gab, fanden Reaktionen zufällig statt, wenn alle benötigten Reaktionspartner an einem Ort aufeinandertrafen. Mit der Zeit kristallisierte sich heraus, dass bestimmte Orte besonders geeignet waren für bestimmte Reaktionen – Einzeller entstanden. In diesen liefen die Reaktionen noch immer unkontrolliert ab. Die Prokaryoten, zu denen die Bakterien zählen, gibt es heute noch. Mit der Zeit kristallisierte sich aber auch hier wieder eine örtliche Präferenz einzelner Reaktionen heraus. Die Zellorganellen, abgegrenzte Räume mit vom Zytoplasma abweichenden Konzentrationen von Stoffen, die es ihnen ermöglichen, Reaktionen schneller und öfter durchzuführen, entwickelten sich.

Golgi-Vesikel

Der Apparat, der nach seinem Entdecker benannt wurde, ist das Versandhandel-Logistikzentrum einer jeden Zelle.

❯ Hier werden Proteine, Signalstoffe und Zellmembranbestanteile, die an die Zellmembran oder nach außen hin abgegeben werden sollen, verpackt und zum Zielort geschleust.

Umgekehrt werden auch von außen aufgenommene Vesikel neu verpackt und in Richtung des Zellorganells geschleust, an dem sie wirken sollen. Pro Zelle gibt es in der Regel nur einen Golgi-Apparat. Man spricht auch vom Golgi-Vesikel, weil es im Prinzip nichts anderes als ein sich zusammenfügendes und wieder auseinandertreibendes Konglomerat von Vesikeln unterschiedlicher Füllung ist. Die verschmolzenen Vesikel nennt man **Zisternen**, einen Stapel aus bis zu 20 dieser Zisternen **Dictyosomen**. Der Golgi-Apparat ist die Gesamtheit aller Dictyosomen. Die Besonderheit liegt in der versteckten Struktur. Es gibt eine erkennbare Richtung: Die Seite, die dem endoplasmatischen Retikulum, also dem Zellinneren, zugewandt ist, heißt **cis**. Die dem Zelläußeren zugewandte Seite heißt **trans**. Alles dazwischen bezeichnet man als medial.

Während des Transports durch den Golgi-Apparat werden Modifikationen an den

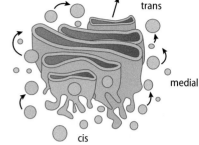

◩ Abb. 1.2 Der Golgi-Apparat. Seine Transportrichtung erstreckt sich vom endoplasmatischen Retikulum in die Peripherie

Proteinen vorgenommen, die ihre endgültige Funktion und Destination begründen. Es können Phosphorylierungen, Sulfatierungen, Glykosylierungen und proteolytische Spaltungen erfolgen. Jede der Reaktionen ist dabei in einem spezifischen Abschnitt des Apparates zu finden (◩ Abb. 1.2).

Fallstrick

Im Laufe des Studiums stolpert man über das eine oder andere Wort, bei dem man sich nicht ganz sicher ist, wie es ausgesprochen wird. Bei manchen scheinen sich nicht einmal die Professoren einig, meist handelt es sich um Eigennamen. Kaum etwas ist jedoch so unangenehm, wie bei einem Vortrag oder einer mündlichen Prüfung die Basics nicht zu beherrschen. Camilo Golgi war ein Italiener, so muss auch sein Name italienisch klingen. In Lautsprache [ˈgoldʒi], kann man sich auch einfach merken, dass das „gi" wie bei dem Wort „Gigolo" ausgesprochen wird.

Ribosomen

Die kleinsten Punkte, die innerhalb des Zytoplasmas auf den meisten schematischen Zeichnungen zu finden sind, sind keine Vesikel, sondern Ribosomen. Das sind Proteine

1

vereint mit ribosomaler RNA (rRNA), um eine der wichtigsten Aufgaben zu bewältigen.

> Sie synthetisieren Proteine aus den einzelnen Aminosäuren nach Plan der Messenger-RNA (mRNA).

Ribosomen sind die Protein-Fabrik. Da die Zelle ständig Bedarf an Tausenden von Proteinen hat, gibt es Tausende von ihnen in jeder Zelle. Sie können frei oder auf dem endoplasmatischen Retikulum sitzend vorkommen. Anhand der Größe eines Ribosoms kann man eine eukaryotische von einer prokaryotischen Zelle unterscheiden. Eukaryoten haben **80S**-Ribosomen, das S steht für „Svedberg", den Sedimentationskoeffizienten. Die Untereinheiten, eine groß und eine klein, liegen getrennt voneinander vor. Sobald die kleine **40S**-Untereinheit durch den Präinitiationskomplex aktiviert wird und das Startcodon der mRNA mit passender Transfer-RNA (tRNA) gebunden ist, fügt sich die große **60S**-Untereinheit an.
Nicht nur in ihrer Größe, sondern auch in ihrer Funktion unterscheiden sich die beiden. Die 40S-Untereinheit bindet wie bereits erwähnt die mRNA, die die Information aus dem Zellkern entschlüsselt und übersetzt. Dafür ist ihre **18S**-rRNA zuständig, die die **katalytische Aktivität** innehat. Die große Untereinheit synthetisiert die eigentliche Peptidkette aus den einzelnen Aminosäuren. Auch ihre drei rRNAs **5S**, **5,8S** und **28S** sind wieder die eigentlichen Reaktionszentren. Die 28S-rRNA stellt die Peptidbindung her.

> Beide Untereinheiten gemeinsam haben drei Bindestellen, genannt A(minoacyl-tRNA), P(eptidyl-tRNA) und E(xit-tRNA).

Eine mit ihrer Aminosäure beladene tRNA durchläuft in genau dieser Reihenfolge die Stationen und liegt am Ende frei (ohne Aminosäure) vor. Den Prozess nennt man

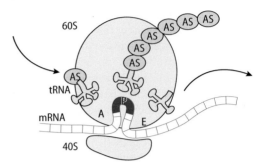

☐ **Abb. 1.3** Das Ribosom. Seine Aufgabe ist das Ablesen und Umsetzen der Information der mRNA in eine Peptidkette

gemeinhin **Translation** (Übersetzung). Wie genau das vonstattengeht, wird in Abschn. 2.4.3 abgehandelt (☐ Abb. 1.3).

Fallstrick

Der Sedimentationskoeffizient lässt sich leider nicht einfach aufaddieren, weswegen die einzelnen Größen und die Gesamtgröße der ribosomalen Untereinheiten auf den ungeschulten Blick nicht zusammenpassen. Die Herleitung, wie man zu den einzelnen Werten kommt, sei außen vor. Man muss sich jedoch merken, dass eine 30S- und eine 50S-Untereinheit zusammen ein 70S-Ribosom ausbilden, wie in Prokaryoten zu finden.

Endoplasmatisches Retikulum

Das endoplasmatische Retikulum (ER) kommt mal glatt, mal rau vor. Gemeint ist damit, ob an seiner Membran Ribosomen sitzen oder nicht. Das gibt Aufschluss darüber, ob das ER hauptsächlich Stoffe (Proteine) sekretiert oder eher statische Funktionen hat.

> Zwar hat das ER selbst keine Proteinsynthesefunktion, jedoch ist es bei dem gesamten Prozess der Translation und Modifikation der Proteine involviert.

Es besteht aus einem mehrschichtigen Membrankompartiment, das direkt mit der Kernmembran verwachsen ist und an die Golgi-Vesikel angrenzt. Zellen, die z. B. Matrixproteine sekretieren, haben die Ribosomen am ER sitzen („rough ER", rER), sodass die Peptidkette direkt in das Lumen des ER gelangt, noch bevor es gefaltet wird. Die Faltung und Modifikation findet also **cotranslational** statt. Die Ribosomen sind nicht permanent verankert, sondern erhalten mit Ablesen der ersten Anteile der mRNA ein Signal durch den **Signal recognition particle (SRP)**, der dem Komplex vermittelt, sich an das ER anzulagern und dorthinein zu synthetisieren. Von dort gelangt das halbfertige Protein zum Golgi-Vesikel, von wo es den Prozess der Ausschleusung beginnt.

❯ Das glatte ER („smooth ER", sER) konzentriert sich auf andere Aufgaben, wie die Entgiftung, die Synthese langkettiger und ungesättigter Fettsäuren und der Steroide.

Es findet sich vor allem in der Leber, dem Hauptentgiftungsorgan, wenn auch alle Gewebe eine geringe Entgiftungsfunktion besitzen. Steroidhormonproduzierende Organe haben ebenfalls viel glattes ER.

Ein Exot ist das sarkoplasmatische Retikulum. Der Name verrät bereits, dass es im Sarkomer anzutreffen ist, also in der Muskulatur. Dort hat es fast ausschließlich eine Speicherfunktion. In seinem Lumen befinden sich große Mengen Calciumionen, die durch den richtigen Trigger freigesetzt werden und so eine Kontraktion auslösen. Genaueres zum Ablauf einer Muskelkontraktion findet sich in jedem Physiologie-Buch.

Prinzipiell haben Zellen meist nicht nur einen Typ ER, denn jede Zelle braucht Proteine für seinen eigenen Aufbau und Fettsäuren für seine Membran oder als Energiespeicher. Welche Sorte überwiegt, lässt jedoch meist schon im Elektronenmikroskop eine Differenzierung der Zellen zu (◘ Abb. 1.4).

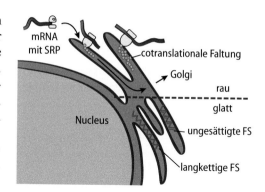

◘ **Abb. 1.4** Das endoplasmatische Retikulum. Seine Aufgaben variieren von Zelle zu Zelle. So synthetisieren manche besondere Fettsäuren *(FS)*, andere falten Proteine cotranslational

Peroxisomen

Die Microbodys, kaum größer als die Ribosomen, unterscheiden sich von jenen durch das Vorhandensein einer Membran. Sie sind in den Geweben prägnant, in denen viele Fettsäuren verstoffwechselt (β-oxidiert) werden oder eine Entgiftung stattfindet. Das trifft vor allem auf Leber und Niere zu. Prinzipiell sind sie ubiquitär anzutreffen. Die allgemeine β-Oxidation erfolgt zwar in den Mitochondrien, aber dafür dürfen die Fettsäuren weder zu lang noch zu sperrig sein. Also werden verzweigtkettige Fettsäuren oder jene mit mehr als 22 C-Atomen einer ersten Verkürzung unterzogen, bis die Carrier des Mitochondriums sie aufnehmen können.

❯ Da bei den Reaktionen Wasserstoffperoxid (H_2O_2) anfällt, nutzt das Peroxisom die Katalase, um dieses hochreaktive Molekül wieder abzubauen.

Das Wasserstoffperoxid ist Namensgeber der Peroxisomen. Die β-Oxidation der Peroxisomen wird im Band „Energiestoffwechsel", Abschn. 2.2.1.1 abgehandelt.

Lysosomen

Eine weitere Gruppe der membranumhüllten Vesikel bilden die Lysosomen und ihre Verwandten, die Phagosomen und Endosomen.

Sie können von einer Art in die andere übergehen, dann entstehen Zwischenprodukte wie Phagolysosomen. Das Lysosom hat die Aufgabe, zelleigene und zellfremde Stoffe in ihre Einzelteile zu zerlegen, also zu lysieren.

> ❭ Dazu bedient es sich der sauren Phosphatase, die, wie der Name schon sagt, bei einem sauren pH von etwa 5 arbeitet.

Außerdem befinden sich auch Nukleasen, Lipasen und Proteinasen in ihrem Inneren. Hat ein zelleigener Bestandteil den Zenit erreicht, so wird es vom Lysosom umschlossen und bis auf seine Grundbausteine abgebaut. Wurde ein Molekül von außen z. B. durch rezeptorvermittelte Endozytose aufgenommen, so verschmelzen das Endosom und ein **primäres Lysosom** zum **sekundären Lysosom** und der Bestandteil des Endosoms wird ebenfalls abgebaut. Lysosomen entstehen aus Abschnürungen der Golgi-Vesikel und heißen bis zum Zeitpunkt ihrer Fusion mit Endosomen oder Phagosomen primäre Lysosomen. **Sekretorische Lysosomen** werden von Zellen (vor allem des Immunsystems) freigesetzt und dienen dazu, andere Zellen, meist Prokaryoten, anzugreifen. Dann sind die Lysosomen meist noch mit besonderen Enzymen wie dem Perforin ausgestattet, welches es ihnen ermöglicht, Poren in die Zellwand der Krankheitserreger zu ätzen. Wie bei den eukaryotischen Zellen auch, können Prokaryoten nur mit einer intakten Zellmembran überleben.

Mitochondrien

> ❭ Mitochondrien sind die Kraftwerke der Zelle.

Diese Umschreibung ist wohl die bekannteste des Organells. Betrachtet man ein Mitochondrium unter dem Mikroskop, so sieht es fast aus wie ein Einzeller. Nicht nur sein Aussehen, sondern auch seine Funktionen ließen im 20. Jahrhundert die Theorie aufkommen, dass es sich tatsächlich vor

Jahrmillionen Jahren um einen Prokaryoten gehandelt hat. Durch Zufall fusionierte er mit einer (damals noch nicht so benannten) eukaryoten Zelle und ging eine Symbiose ein. Unterstützt wird die Hypothese durch die **ringförmige DNA (mtDNA)**, die sie in ihrem Inneren beherbergt. Sie selbst reicht zwar nicht aus, um ein voll funktionsfähiges Mitochondrium auszubilden, jedoch ist es das einzige Organell, welches überhaupt eigene DNA besitzt. Sein Genom beinhaltet 37 Gene, von denen 13 für Proteine, 22 für tRNA und 2 für rRNA codieren. Sie hat keine Introns und ist nicht durch eine Art Kernmembran geschützt.

> ❭ Mitochondrien können sich unabhängig vom allgemeinen Zellzyklus vervielfältigen.

Heute ist die These so weit anerkannt, dass man die Endosymbiontentheorie bereits in der Schule lehrt.

Aufgebaut aus einer Doppelmembran, die sich im Inneren mehrfach aufschlägt, entstehen der **Intermembranraum** und die **Mitochondrienmatrix**. In ihr wird die Energie für die gesamte Zelle erzeugt. Die Energiestoffwechsel finden sich hier zusammen, um über den Citratzyklus und die Atmungskette ATP zu generieren. Außerdem gibt es einzelne Enzyme des Harnstoffzyklus und der Steroidhormonsynthese, die sich ausschließlich dort befinden. Der Intermembranraum ist nach außen nicht so dicht wie nach innen, denn die **TOM (Transporter of the outer membrane)** sind wesentlich durchlässiger als die **TIM (Transporter of the inner membrane)**.

> ❭ Ihre Funktion besteht darin, einen Raum zu schaffen, in dem ein bestimmter Protonengradient zum Innenraum, der Matrix, geschaffen werden kann. Dieser ist der Schlüssel der Atmungskette und muss unter allen Umständen aufrechterhalten werden.

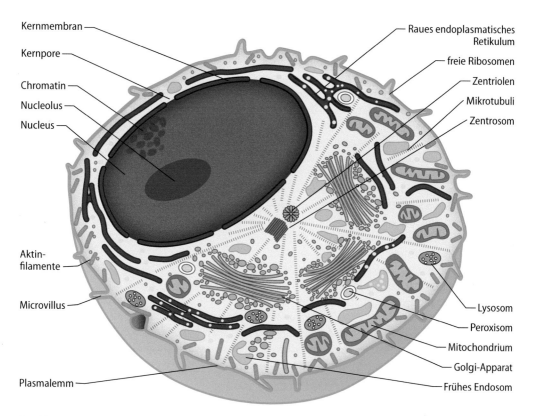

Kernmembran
Kernpore
Chromatin
Nucleolus
Nucleus
Aktin-
filamente
Microvillus
Plasmalemm

Raues endoplasmatisches
Retikulum
freie Ribosomen
Zentriolen
Mikrotubuli
Zentrosom
Lysosom
Peroxisom
Mitochondrium
Golgi-Apparat
Frühes Endosom

▣ Abb. 1.5 Die Zelle. Die Zellorganellen finden sich in den eukaryotischen Zellen in unterschiedlicher Ausprägung, je nachdem welche Aufgabe das vorherrschende Gewebe hat. (Aus Pollard et al. 2016, Cell Biology, 3rd edn. Elsevier, mit freundlicher Genehmigung)

Ein Entkoppeln führt zu Wärmefreisetzung ohne Energiegewinnung. Mehr zur Atmungskette steht im Band „Energiestoffwechsel", Kap. 5 (▣ Abb. 1.5).

1.2 Zellmembran

Damit das Zytoplasma eine räumliche Trennung von der Außenwelt erfährt, benötigt es eine Zellmembran, die **Plasmalemm**. Sie verhindert den freien Fluss von Ionen, während fettlösliche Stoffe ungehindert durch sie hindurchtreten können. Das begründet sich in ihrer Struktur, einer **Phospholipiddoppelmembran**.

❯ Phospholipide sind polare Moleküle mit einem lipophilen und einem hydrophilen Anteil.

Lagern sich zwei Phospholipide zusammen, so tun sie dies Schwanz an Schwanz mit ihren Fettsäuren. Die Phosphatgruppen ragen dabei nach außen. Solch ein Gebilde ähnelt einer Mizelle, einem abgekugelten Fetttropfen in Wasser. Es grenzt sich nach außen hin ab, versucht so wenig Kontakt wie möglich mit dem Wasser zu haben und wird dabei kugelrund. Da es jedoch wenig Sinn machen würde, wenn alle Zellen kugelig wären, bedient sich die Zellmembran eines anderen Tricks. Sie lagert Millionen und Abermillionen von Phospholipiden nebeneinander an, die genau einem weiteren Phospholipid gegenüberliegen. Es entsteht eine wasserundurchdringliche Kette, die beliebig verformbar ist.

Die Fähigkeit zur Formänderung nennt man **Membranfluidität** oder „fluid mosaic

1

model". Sie wird durch eine bestimmte Konzentration von Cholesterin im Verhältnis zu den anderen lipophilen Anteilen innerhalb der Zellmembran ermöglicht. Das sperrige Gerüst des Cholesterins bricht die sonst so regelmäßige Anordnung der Phospholipide auf und agiert somit als eine Art Gelenk. Kommen allerdings viele ungesättigte Fettsäuren in der Plasmalemm vor, so sind bereits viele Knicks in der Membran vorhanden, die die Struktur auflockern. In solchen Fällen würde Cholesterin eher stabilisierend auf die Membranfluidität wirken. Es befinden sich auch vereinzelte Proteine in der Membran. Manche sitzen nur außen oder innen an einem Lipidanker auf, andere durchdringen die ganze Membran. Die Proteine sind in der Regel für die Interaktion und Signaltransduktion mit der Außenwelt zuständig. Die Phospholipide selbst können sich ebenfalls frei um ihre eigene Achse drehen und auf ihrer Seite der Membran untereinander die Plätze tauschen. Dies verstärkt den flüssigen Charakter.

Die Integrität der Membran ist für die Zelle essenziell. Wird die Membran von außen angegriffen oder durch innere Prozesse in Mitleidenschaft gezogen, so geht die Zelle unter. Da dieser Vorgang nicht geordnet abläuft, spricht man dann von Zellnekrose. Die Zellbestandteile werden unkontrolliert freigesetzt und können benachbarte Zellen schädigen. Bei einem kontrollierten Zelluntergang, der Apoptose, behält die Zellmembran bis zum Schluss ihre Funktion. Sie spaltet sich lediglich in immer kleinere Kompartimente auf, die immer geringere Anteile der ursprünglichen Zelle beinhalten, bis keine toxischen Inhalte mehr vorliegen. Abgesehen von richtigen Rezeptoren kann die Plasmalemm solche Todessignale auch weiterleiten, indem sie ihre eigene Anordnung ändert. Bei einer intakten Zellmembran befinden sich bestimmte Phospholipide außen und andere innen. Tauschen sie den Platz, ist das ein universelles Signal. Genaueres zu Nekrose und Apoptose steht im ▶ Abschn. 2.3. Ab-

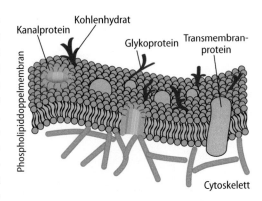

◻ Abb. 1.6 Die Plasmalemm. Verankert mit dem Zytoskelett bildet die Membran eine dynamische Austauschfläche

gesehen von den Phospholipiden zeigt auch die Lokalisation der Glykoproteine und Glykolipide immer eindeutig an, welcher Bereich das Äußere der Zelle ist. Man spricht auch von der **Glykokalix** (◻ Abb. 1.6).

1.3   Zellkern

Der **Nukleus** ist der Hauptsitz der Firmenanlage „Zelle". Dort werden Entwürfe von Molekülen so alt wie die Erde selbst in kleinster Verpackung aufbewahrt. Umgeben von einer **Kernmembran** (auch Kernhülle), der innen eine Kernlamina aufliegt, kommuniziert der Zellkern über Kernporenkomplexe mit den anderen Organellen. In ihrem Inneren befindet sich vor allem die DNA in unterschiedlichen Bearbeitungsstadien. **Heterochromatin** ist verdichtet, sodass es möglichst wenig Raum beansprucht, kann dementsprechend aber nicht abgelesen werden. **Euchromatin** liegt locker vor, ist entspiralisiert und an ihm sitzen die zahlreichen Proteine der Transkription oder Replikation. Ein dunkler runder Fleck markiert den **Nukleolus**, eine Stelle der DNA, an der die rRNA transkribiert und die ribosomalen Untereinheiten direkt danach zusammengefügt werden.

Damit Replikation und Transkription im Inneren erfolgen können, braucht es Enzyme (Proteine). Diese können nur von den Zellorganellen des Zytoplasmas hergestellt werden und müssen dann über den Kernporenkomplex eingeschleust werden. Eine Kernpore besteht aus ca. 500–1000 Nukleoporinen, von denen meist je acht verankerte Transmembranproteine von außen und von innen einen Ring bilden und über Filamente eine Art Korbstruktur aufspannen. Importine und Exportine vermitteln das Ein- oder Ausschleusen ihres Cargos. Dieses erkennen sie an Aminosäuresequenzen, die als Nuclear localization sequences (NLS) oder Nuclear export sequences (NES) ihren Bestimmungsort verkünden.

1.3.1 Nukleinsäuren

Ob mit oder ohne Sauerstoff, die Nukleinsäuren sind der Schlüssel zur Funktionalität aller Zellorganellen. Ohne sie gibt es keinen Grund, Energie oder Proteine zu produzieren. Ihr Aufbau wurde Mitte des letzten Jahrhunderts durch **Watson und Crick** nach wegweisenden Röntgenstrukturanalysen der Biochemikerin **Rosalind Franklin** aufgeklärt. Zwar beschäftigten die beiden sich ausschließlich mit der DNA, die bis dato als unnützes Molekül betrachtet wurde, aber ihre Entdeckungen halfen auch der Entschlüsselung der RNA.

❯ Nukleinsäuren sind Ketten von Nukleotiden.

Diese wiederum sind aufgebaut aus einem Nukleosid und einem Phosphat.

❯ Das Nukleosid besteht aus einer Base und einer Ribose, die je nachdem, ob sie eine OH-Gruppe an Position 2' trägt, den Unterschied zwischen DNA und RNA macht.

Während die RNA i. d. R. als Einzelstrang vorliegt und statt Thymin Uracil als vierte Base verwendet, windet sich die DNA in einer **antiparallelen Doppelhelix**. Egal ob DNA oder RNA, beide verbinden die einzelnen Nukleotide über den 5'-Phosphatrest am 3'OH, der das Rückgrat der Struktur bildet. Somit ist eine Richtung von 5' nach 3' bzw. umgekehrt festgelegt.

Die Basen ragen bei der Doppelhelix in das Innere der Windung und bilden Wasserstoffbrücken untereinander aus. Dabei kann sich nur je ein spezifisches Purin mit einem spezifischen Pyrimidin paaren, weshalb ihre Gesamtzahl immer gleich ist (Chargaff-Regel, A + G = T + C).

❯ Adenin (A) und Guanin (G) sind Purine mit einem doppelten Ringsystem.

Pyrimidine sind Cytosin (C) und Thymin (T) bzw. Uracil (U) bestehend aus einem substituierten 6er-Ring. Während die Kombination G-C drei Wasserstoffbrücken ausbilden kann, werden es nur zwei bei A und T, denn dem Adenin fehlt dafür ein Stickstoff an der richtigen Position. Die Basen liegen sich **planar** gegenüber, während ihre Ribose senkrecht absteht, wodurch sich das Gewinde **rechtsdrehend** in die Höhe schraubt. Eine 360°-Windung beinhaltet 10 Basen auf einer Länge von 3,4 nm. Von außen erkennt man eine große und eine kleine Furche, Erstere ermöglicht Proteinen das Erkennen von Sequenzen, mit denen sie interagieren können.

Bei einer Länge von ausgerollt ca. 2 m pro DNA und insgesamt 3.000.000 Basenpaaren enthält sie doch nur ca. 30.000 Gene. Diese sind verschlüsselt in sogenannten **Basentripletts**. Man kann die (protein-)codierenden Sequenzen von den nicht codierenden Sequenzen klar abgrenzen. Sie werden als **Exons** und **Introns** bezeichnet. Letztere ermöglichen es durch das unterschiedliche Herausschneiden aus der mRNA, unterschiedliche Transkripte von ein und demselben Transkriptionsabschnitt herzustellen. Diese Erweiterung der vorliegenden Information nennt man alternatives Spleißen (▶ Abschn. 2.4.2. „▶ Kontrolle der Transkription").

1

◻ **Tab. 1.2** Arten von RNA

RNA	Nutzen
m(essenger) RNA	Codierend, Verbindung von DNA-Information und Proteinbiosynthese der Ribosomen
t(ransfer)RNA	Bindet Aminosäuren und interagiert mit mRNA bei Proteinbiosynthese
r(ibosomale) RNA	Aktiver Bestandteil der Ribosomen
mtRNA (mitochondriale)	Alle RNAs der Mitochondrien
mi(cro)RNA	Reguliert mRNA (Abbau)
snRNA (small nuclear)	Teil des Spleißosoms
snoRNA (small nucleolar)	Modifiziert andere RNAs
siRNA (small interfering)	Regulatorisch, hemmt die Translation

Die RNA kann sich auch in bestimmte Formen lagern.

❯ Die tRNA faltet sich selbst zu einer Kleeblattstruktur mit drei Blättern und einem Stängel.

An dem Stängel befindet sich dann der spezifische Aminoacylrest, das mittlere Blatt ist das Anticodon zur mRNA. Insgesamt gibt es weit mehr als nur die bekannten Vertreter mRNA und tRNA. Der Übersicht zum Zweck sind die gängigsten in der ◻ Tab. 1.2 dargestellt:

Damit die DNA möglichst wenig Platz verbraucht, ist sie auf **Histone** aufgerollt.

❯ Das sind Proteine aus je vier dimerisierten Untereinheiten (Histonoctamere), die stark basisch sind, sodass das Phosphatrückgrat sich gerne anlagert.

Pro **Nukleosom** winden sich ca. 146 Basenpaare linksgängig um das Octamer, stabilisiert von der einzelnen Histonuntereinheit H1. Nach ca. 50 frei vorliegenden Basen kommt das nächste Nukleosom. So aufgerollt kann keine Replikation der Transkription erfolgen, die gesamte DNA ist 7-fach verkürzt zum Chromatin. Man spricht auch von einer **Superhelix** oder **Solenoidstruktur** der DNA (◻ Abb. 1.7, 1.8).

Synthese der Desoxyribonukleotide (◻ Tab. 1.3)

Für die DNA muss den Nukleotiden eine Hydroxygruppe entzogen und durch ein Wasserstoff-Atom ersetzt werden. Das gelingt mithilfe der **Ribonukleotidreduktase**. Das Enzym hat zwei Cysteinylreste, die unter Ausbildung einer Disulfidbrücke die Ribose der Nukleosiddiphosphate an Position 2' reduzieren können, wobei Wasser frei wird. Für das Nukleotid ist das Ziel damit erreicht. Aufwendiger gestaltet sich die Regeneration des Enzyms. Thioredoxin ist der erste Donator von neuen Elektronen durch genau den gleichen Mechanismus. Seine Disulfidbrücke wird wiederum durch die Thioredoxinreduktase mithilfe von Flavin-Adenin-Dinukleotid ($FADH_2$) aufgebrochen. Das oxidierte Coenzym übernimmt schlussendlich die Elektronen des Nicotinsäureamid-Adenin-Dinukleotid-Phosphats (NADPH) + H^+ aus dem Pentosephosphatweg (◻ Abb. 1.9).

1.3.2 Purinstoffwechsel (◻ Tab. 1.4)

Die Purine Adenin und Guanin sind nur die bekanntesten, dazu gehören auch Xanthin, Hypoxanthin und Harnstoff. Sie alle eint ihr Aufbau aus einem kombinierten 5er- und 6er-Ring. Der menschliche Körper hat es sich zu eigen gemacht, nicht nur seine Basen bzw. Nukleotide neu synthetisieren zu können, sondern sie auch in geeignetem Maße

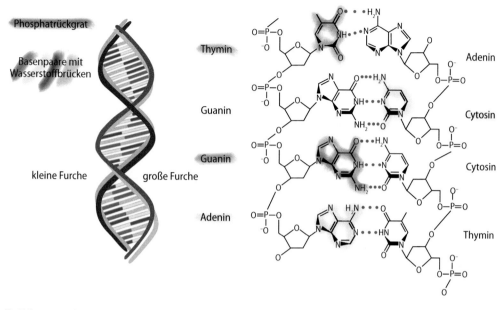

Phosphatrückgrat

Basenpaare mit
Wasserstoffbrücken

kleine Furche

große Furche

Thymin

Guanin

Guanin

Adenin

Adenin

Cytosin

Cytosin

Thymin

◘ Abb. 1.7 Die Helixstruktur der DNA. Basis der Windungen sind die planaren Wasserstoffbrücken- bindungen zwischen A und T und G und C mit ihrem senkrechten Phosphatrückgrat

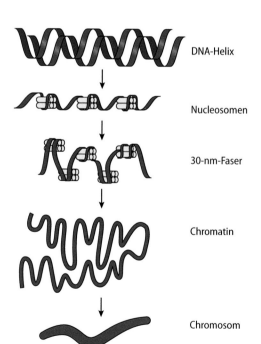

DNA-Helix

Nucleosomen

30-nm-Faser

Chromatin

Chromosom

◘ Abb. 1.8 Die DNA. Ihr Aufbau basiert nicht nur auf der helikalen Struktur, sondern auch auf ihrer Kondensationsfähigkeit

◘ Tab. 1.3 Wer-Wie-Was: Ribonukleotidsyn- these	
Wer	Ribonukleotid, NADPH + H$^+$
Wo	Zytoplasma
Was	Reduktion der Ribonukleotide
Wie	Ribonukleotidreduktase reduziert, von Thioredoxin regeneriert, welches von Thioredoxinreduktase regeneriert wird, welches durch NADPH + H$^+$ reduziert wird
Wann	Vor allem in der G$_1$-Phase
Warum	Widerstandsfähige Speicherung der Erbinformation

zu recyceln, um Energie zu sparen. Und selbst bei der Neusynthese spart er an Enzymen, indem es ein Ausgangsmolekül gibt, aus dem alle hergestellt werden können: dem **Inosin**. Zehn Schritte beinhaltet die Inosinmonophosphatsynthese. Die Namen im Einzelnen sind nicht besonders relevant,

1

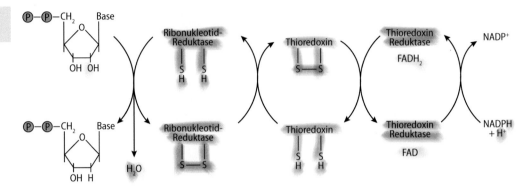

■ **Abb. 1.9**　Die Ribonukleotidreduktase ist allein verantwortlich für die Synthese der DNA-Bausteine

■ Tab. 1.4　Wer-Wie-Was: Purinsynthese	
Wer	PRPP, 2 Glutamin, Glycin, 2 N^{10}-Formyl-Tetrahydrofolat, CO_2, Aspartat, 3 ATP
Wo	Zytoplasma
Was	Synthese von Inosin, Vorläufer von Adenin, Guanin etc.
Wie	PRPP aus Ribose-5-Phosphat durch Phosphattransfer, Aminogruppe von Glutamin abgegeben, komplettes Glycin angehängt, Format von N^{10}-Formyl-Tetrahydrofolat, 2. Aminogruppe von Glutamin abgegeben, Synthetase bildet Imidazolring, Carboxylierung, Aspartat gibt Aminogruppe ab, 2. Format von N^{10}-Formyl-Tetrahydrofolat, Ringschluss durch Cyclohydrolase
Wann	Immer, mit Ausnahme der Mitosephase
Warum	Grundlage der Energieträger und Bausteine der DNA und RNA

aber die Herkunft der Atome des endgültigen Gerüsts ist durchaus wichtig (■ Abb. 1.10).

Aus dem Pentosephosphatweg, einem Nebenstoffwechsel der Glucose (Band Energiestoffwechsel, Abschn. 1.2.1), lässt sich das **5-Phosphoribosyl-1α-Pyrophosphat**

(PRPP) gewinnen, welches dem Ribose-5-Phosphat entspringt. Eine Synthetase überträgt die zwei Phosphate des ATP in α-Stellung auf das erste C-Atom.

❯ PRPP bildet das Gerüst, an dem entlang die Purine synthetisiert werden, es entsteht also gleich ein Purinnukleotid.

— Unter Abspaltung der Phosphate wird eine Aminogruppe des Glutamins durch die Glutamin-PRPP-Amidotransferase (1) übertragen. Es ist der erste Baustein des fertigen Purins.
— Ein ATP-abhängig angefügtes Glycin liefert zwei C-Atome und ein Stickstoffatom, sodass Glycinamid-Ribonukleotid (GAR) entsteht (2).
— Format wird vom N^{10}-Formyl-Tetrahydrofolat mittels GAR-Transformylase (3) übertragen und erneut liefert ein Glutamin einen Stickstoff unter ATP-Verbrauch (4) (■ Abb. 1.11).
— Das Formylglycinamidin-Ribonukleotid schließt den 5er-Ring mittels Synthetase, dann nennt sich das Molekül 5-Aminoimidazol-Ribonukleotid (AIR) (6).

❯ Imidazole sind gekennzeichnet durch einen 5er-Ring mit zwei Stickstoffatomen.

— Die SAICAR-Synthetase (Succinylaminoimidazolcarboxamid-Ribosid) lässt bereits den vollständigen zweiten

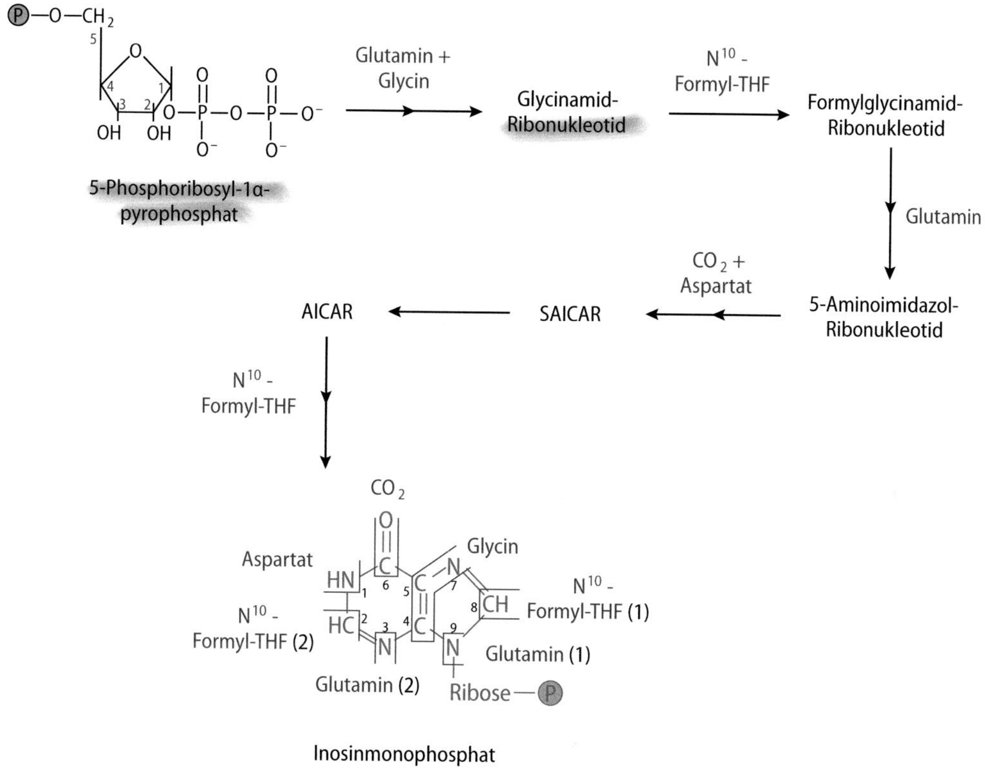

Abb. 1.10 Die De-novo-Purinsynthese erfolgt direkt als Ribonukleotid entlang PRPP. Die einzelnen Atome des Ringsystems können klar hergeleitet werden

Ring erahnen. Es verbleibt jedoch nur ein Stickstoffatom, der Rest wird wieder mittels Adenylosuccinat-Lyase als Fumarat abgespalten (8).

- Die AIR-Carboxylase hängt an Position 4 eine Carboxylgruppe an (7), die direkt durch ein komplettes Aspartat erweitert wird.
- Die AICAR-Transformylase nutzt erneut N^{10}-Formyltetrahydrofolat für die Substitution (9).
- Jetzt liegen alle benötigten Atome vor, es muss nur noch ein Ringschluss erfolgen (10). Dazu spaltet die IMP-Cyclohydrolase Wasser ab. Inosinmonophosphat (**IMP**) ist entstanden (Abb. 1.12).

Die folgenden Reaktionen vom IMP zu AMP (Adenosinmonophosphat) und GMP (Guanosinmonophosphat) sind einfach zu merken. Eine Adenylosuccinat-Synthethase hängt Aspartat an Position 6 an, diesmal jedoch unter Guanosintriphosphat (GTP)-Verbrauch. Vom Adenylosuccinat wird wie zuvor wieder nur die Aminogruppe behalten, der Rest wird von der Adenylosuccinat-Lyase abgespalten. Adenosinmonophosphat ist zustande gekommen. Anders geht der Weg zum GMP. Eine IMP-Dehydrogenase oxidiert Position 4 mit NAD und Wasser. Das Zwischenprodukt Xanthosinmonophosphat (XMP) wird mit der GMP-Synthetase an Position 4 mit einer Aminogruppe versehen, die Glutamin beigesteuert hat. Dabei wird ATP verbraucht und bis auf AMP heruntergebrochen. Guanosinmonophosphat wurde synthetisiert.

1

◻ Abb. 1.11 Die ersten vier Schritte der Purinsynthese verbinden Ribosephosphat mit dem sich Stück für Stück bildenden 5er-Ring

❯ Auffallend ist, dass man die jeweiligen Triphosphate für die Synthese des jeweils anderen Monophosphats benötigt: ATP für GMP und GTP für AMP.

Damit stellt der Organismus sicher, dass das entstandene IMP in möglichst gleicher und bedarfsgerechter Aufteilung zum einen oder anderen verstoffwechselt werden kann. Zusätzlich wird diese Regulation unterstützt, indem AMP und GMP ihren jeweiligen Synthese-Enzymen ein negatives Feedback geben. Die Di- und Triphosphate hemmen in übergeordneter Struktur die PRPP-Amidotransferase, den ersten Schritt der Purinbiosynthese.
    Wenn beim Abbau von Nukleinsäuren oder durch enterale Aufnahme die Purine Adenin und Guanin anfallen, können sie durch eine Phosphoribosyltransferase wieder zum Monophosphat regeneriert werden.

Selbst wenn das AMP bereits teilweise abgebaut wurde, kann es noch aus Hypoxanthin recycelt werden.

❯ Hypoxanthin ist nichts anderes als die alleinstehende Base des Nukleosids Inosin.

Entsprechend wird IMP durch eine Phosphoribosyltransferase aus Hypoxanthin wiedergewonnen und kann erneut als AMP oder GMP weiterverarbeitet werden. Diese Wiederverwertung (Salvage-Pathway) ist bei den Purinen wichtiger als bei den Pyrimidinen, weil sie nicht vollständig abgebaut werden können. Ihr Endprodukt Harnsäure wird zum Großteil über die Niere eliminiert. Es darf aber nicht in zu großen Mengen anfallen (► Abschn. „Pathobiochemie der Purine") (◻ Abb. 1.13).

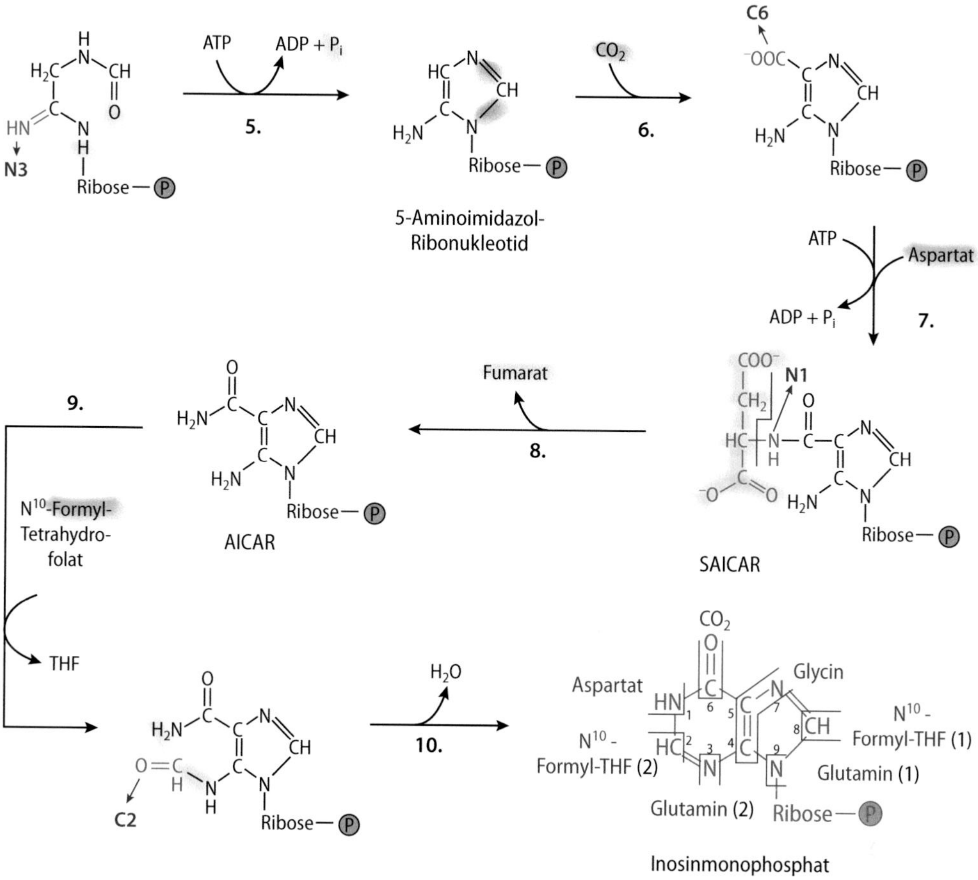

Abb. 1.12 Die Reaktionen 5 bis 10 schließen den 5er- und 6er-Ring zur allgemeinen Ausgangsform Inosinmonophosphat

Abbau der Purine (Tab. 1.5)

- Das Recycling der Purinbasen hat bereits gezeigt, dass diese im Abbau der Purinnukleotide auftreten. Zuerst werden AMP, IMP, XMP und GMP durch ihre spezifische 5'-Nukleotidase (z. B. AMPase oder GMPase) von ihrem Phosphatrest befreit (1). Adenosin, Inosin, Xanthosin und Guanosin haben alle noch ihren Zuckerrest anhängig.
- Dieser wird im zweiten Schritt durch die Purinnukleosid-Phosphorylase entfernt, es entsteht Ribose-1-phosphat (2).
- Ausnahme ist Adenosin, das muss erst zu Inosin metabolisiert werden, indem es seine Aminogruppe mithilfe der

Adenosin-Desaminase hydrolyisert (1.1). Von 4 einzelnen Purinnukleotiden sind nur noch 3 Basen übrig.

- Hypoxanthin und Guanin werden in Xanthin überführt. Die Guanase hydrolysiert die Aminogruppe (3), während Hypoxanthin vom selben Enzym oxidiert wird wie danach das Xanthin (4).

Dieses wird zuletzt durch die Xanthin-Dehydrogenase bzw. -Oxidase unter Verbrauch von NAD und Wasser in die lösliche und gut über die Niere ausscheidbare Harnsäure umgewandelt (5) (Abb. 1.14).

1

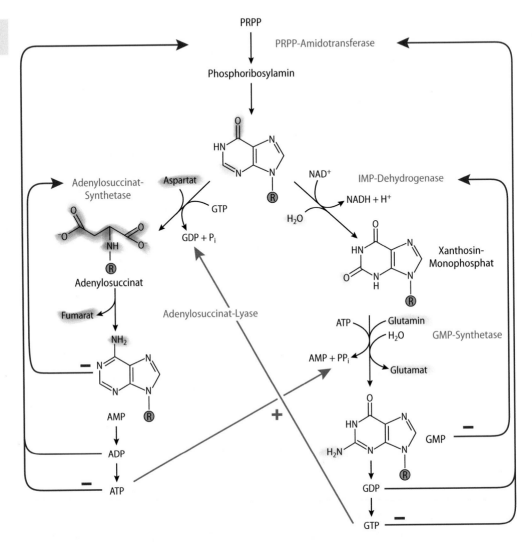

□ **Abb. 1.13** Von IMP zu AMP und GMP. Die negative Rückkopplung und das positive Feedforward der Triphosphate steuern die gleichmäßige Synthese der beiden Purinnukleotide. (*R*=Rest)

Pathobiochemie der Purine

Erfolgt ein übermäßiger Abbau der Purine oder sinkt die Nierenfunktion ab, so entwickelt der Organismus eine Hyperurikämie. Harnsäure fällt übermäßig im Blut an, nur ein Teil davon kann an Proteine gebunden weitestgehend unschädlich gemacht werden. Der Rest fällt in Natrium-Urat-Kristallen aus, sobald zusätzlich der pH abfällt oder die Temperatur sinkt. Gewebe mit einem solch niedrigen pH sind z. B. die kollagenhaltigen, also Gelenke und Sehnen, oder das Nierenmark. Der Mensch entwickelt das Krankheitsbild der **Gicht**. Patienten leiden unter schubartigen Entzündungsreaktionen. Es gibt genetische Erkrankungen, die im Prinzip ein jedes Enzym des Purinstoffwechsels betreffen können. Einige führen zu einem Loss of Function, andere zu einem Gain of Function, bei vielen resultiert es letztendlich in der primären Hyperurikämie, allerdings machen solche Defekte nur ca. 1 % davon aus. Bekanntester

◻ **Tab. 1.5**	**Wer-Wie-Was: Purinabbau**
Wer	AMP, IMP, GMP, XMP
Wo	Zytosol
Was	Abbau der Purine zu Harnsäure
Wie	Abspaltung der Phosphatreste, Adenosin-Desaminase bildet Inosin, Abspaltung der Zucker, Guanase löst Aminogruppe, Xanthin entsteht, Hypoxanthin wird zu Xanthin oxidiert, Xanthin zu Harnsäure oxidiert
Wann	Bei DNA-Abbau
Warum	Harnsäure kann über Niere eliminiert werden

Vertreter ist das Lesch-Nyhan-Syndrom, das schon im frühen Kindesalter auffällt, denn die Kinder sind geistig retardiert und neigen zu Selbstverstümmelung. Die neurodegenerative Komponente begründet sich darin, dass das Nervensystem sich fast ausschließlich auf den Salvage-Pathway stützt, um seinen doch beträchtlichen Bedarf zu decken. Bei dem Syndrom fehlt die **Hypoxanthin-Guanin-Phosphoribosyltransferase** jedoch vollständig. Der Großteil (99 %) der primären Hyperurikämien hat seine Ursache in einer Störung der renal-tubulären Ausscheidung bzw. einer übermäßigen Purinaufnahme. Fleisch und Bier sind besonders purinhaltig, während Alkohol die Harnsäurebildung an-

◻ **Abb. 1.14** Pyramide des Purinabbaus. Die AMP hat den längsten Weg, danach sind die Reaktionen der einzelnen Substrate gleichgeschaltet. Hypoxanthin und Guanin werden zu Xanthin desaminiert bzw. oxidiert. Gemeinsames Endprodukt ist Harnsäure

treibt. Regelmäßiges deftiges Abendessen mit Bier wäre ein klassischer Trigger für einen Gichtschub. Allgemein ist ein hoher BMI unabhängig von der Ernährung ein begünstigender Faktor.

Die sekundären Hyperurikämien machen nur 10 % der Gichtsymptomatiken aus. Die Ursachen sind ähnlich denen der primären Hyperurikämie, werden in dem Fall jedoch von einem anderen Problem ausgelöst. So können bestimmte Medikamente zu einer verminderten Harnsäureausscheidung führen. Dazu zählen per se alle die Nierenfunktion beeinträchtigenden Medikamente. Auch Azidosen und die Schwangerschaftstoxikose vermindern die renale Elimination. Eine Überproduktion von Harnsäure kommt bei manchen Systemerkrankungen wie der Psoriasis oder Tumorzerfall (Tumorlysesyndrom), vor allem bei lymphatischen oder myeloischen Leukämien, und bei hämolytischen Anämien vor.

Die Therapie richtet sich nach Möglichkeit nach der Ursache. Diätische Maßnahmen führen oft schon zu einer Besserung der Beschwerden. Die sekundären Hyperurikämien können meist durch Beheben des grundsätzlichen Problems geheilt werden (Umstellung der Medikamente, Einstellung des Diabetes mellitus, der die Azidose ausgelöst hat). Reicht dies nicht aus oder ist die Ätiologie nicht kausal zu beeinflussen, werden Medikamente verabreicht.

> Allopurinol ist das gängigste, es ist ein Strukturanalogon des Hypoxanthins. Es hemmt die Xanthin-Dehydrogenase als negative Rückkopplung, sodass weniger Harnsäure ausfällt (◘ Abb. 1.15).

Dafür steigen zwar die Konzentrationen von Xanthin und Hypoxanthin, aber beide können in gewissen Mengen ebenfalls über die Niere ausgeschieden werden. Ein Gleichgewicht der 3 Abbauprodukte schädigt die Niere deutlich weniger als ein Übermaß an Harnsäure, das sein Löslichkeitsprodukt überstiegen hat (◘ Tab. 1.6).

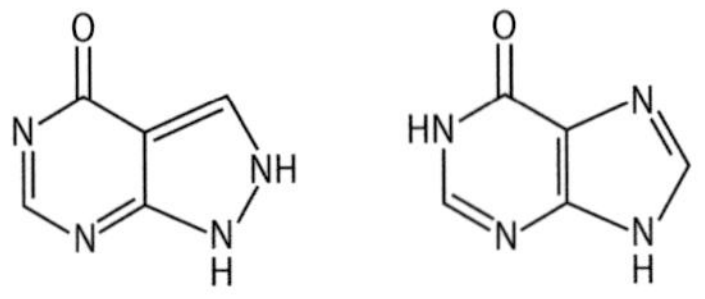

Allopurinol   Hypoxanthin

◘ **Abb. 1.15** Allopurinol ist ein Strukturanalogon des Hypoxanthins und steigert so die negative Rückkopplung

1.3.3 Pyrimidinstoffwechsel (◘ Tab. 1.7)

Die Pyrimidine Thymin, Cytosin und Uracil werden ebenfalls direkt als Nukleotide synthetisiert. Eine Besonderheit ist dabei, dass Thymin sogar direkt als Desoxyribonukleotid erzeugt wird. Eine logische Konsequenz, da es sowieso nur in der DNA vorkommt. Gemeinsamer Nenner ist in diesem Fall das Uracil bzw. Uridinmonophosphat (UMP). Die Synthese ist deutlich einfacher als die der Purine. Zwei große Multienzymkomplexe und ein membranständiges Enzym der Mitochondrien stellen UMP in 6 Schritten her.

— Der erste Komplex wird **CAD** abgekürzt, für die drei Anfangsbuchstaben seiner einzelnen Enzyme. Seine erste Reaktion ist die der **Carbamoylphosphat-Synthetase II** (CPS II) (1).

> Diese bedient sich eines Hydrogencarbonats und eines Glutamins, die unter zweifachem ATP-Verbrauch zu Carbamoylphosphat fusionieren. Das Glutamin steuert ausschließlich seine 2. Aminogruppe bei.

— Die **Aspartat-Transcarbamylase** hängt das komplette Aspartat an und spaltet dafür lediglich den Phosphatrest ab (2).
— N-Carbamoylaspartat muss nun zyklisiert werden, dazu dehydratisiert die **Dihydroorotase** es zu Dihydroorotat (3). Der

◘ Tab. 1.6 Harnsäurewerte

	Im Blut	Harnsäurepool
Normwert Harnsäure	Bis 390 µmol/l bzw. 6,5 mg/dl	6 mmol
Primäre Hyperurikämie	714–1309 µmol/l bzw. 12–22 mg/dl	Bis 180 mmol
Sekundäre Hyperurikämie	476–1309 µmol/ bzw. 8–22 mg/dl	

◘ Tab. 1.7 Wer-Wie-Was: Pyrimidinsynthese

Wer	HCO_3^-, Glutamin, 2 ATP, Aspartat, Ubichinon, PRPP
Wo	Zytoplasma, innere Mitochondrienmembran
Was	Synthese von UMP, Vorläufer von dTMP und CTP
Wie	Bildung von Carbamoylphosphat, Anhang von Aspartat, Zyklisierung zu Pyrimidinring, Dehydrierung, Transfer eines Ribosylmonophosphats, Decarboxylierung
Wann	Vor allem in G_1-Phase
Warum	Baustein der DNA (dTMP, dCMP) bzw. der RNA (UMP, CMP)

Pyrimidinring ist nun vollständig, er muss nur noch substituiert werden.

— Die membranständige Dihydroorotat-Dehydrogenase dehydriert das C-Atom an Position 6 (4). Als Flavinmononukleotid(FMN)-haltiges Enzym nutzt es das Ubichinon der Atmungskette als Elektronenakzeptor.

— Die Orotat-Phosphoribosyltransferase ist eines der zwei Enzyme des UMP-Synthase-Komplexes (5).

— Orotidinmonophosphat (OMP) muss sich zuletzt seiner Carboxylgruppe entledigen, was die Orotidin-5'-phosphat-Decarboxylase katalysiert (6) (◘ Abb. 1.16).

— Vom UMP phosphoryliert die UMP-Kinase das Molekül zweifach zu Uridin-triphosphat (UTP) (1.1, 1.2), erst dann kommt die Cytidintriphosphat(CTP)-Synthetase zum Zug und amidiert das Molekül mithilfe von Glutamin (2).

— Soll Desoxythymidinmonophosphat (dTMP) entstehen, muss Uridindiphosphat (UDP) durch die Ribonukleotidreduktase zu dUDP reduziert werden (3) (▶ Abschn. „Abbau der Pyrimidine") (◘ Abb. 1.17).

— Damit am Ende dTMP entsteht, wird erst dUTP gebildet (4), denn der überschüssige Phosphatrest kann nicht einzeln abgespalten werden.

— Die dUTPase löst Pyrophosphat von dUTP ab und es entsteht dUMP (5).

— Das kann in einem einzigen Schritt mittels N^5, N^{10}-Methylen-Tetrahydrofolat zu dTMP erweitert werden (6). Der Methylgruppen-Donor geht dabei in Dihydrofolat über und muss in zwei Reaktionen für den nächsten Einsatz der Thymidylat-Synthase zurückgewonnen werden (◘ Abb. 1.18).

Reguliert wird der Pyrimidinstoffwechsel durch positives Feedforward und negatives Feedback. Während UTP die CPS II allosterisch hemmt, stimuliert die PRPP des Purinstoffwechsels ebenjene (◘ Abb. 1.17). Diese übergeordnete Produkthemmung bzw. ausgleichende Animation (Chargaff-Regel, wenn viele Purine da sind, muss es genauso viel Pyrimidine geben) wird unterstützt durch direktere Wirkungen. CTP hemmt seine CTP-Synthetase, während GTP sie stimuliert. So kommen weitestgehend wieder äquimolare Mengen der beiden Moleküle

1

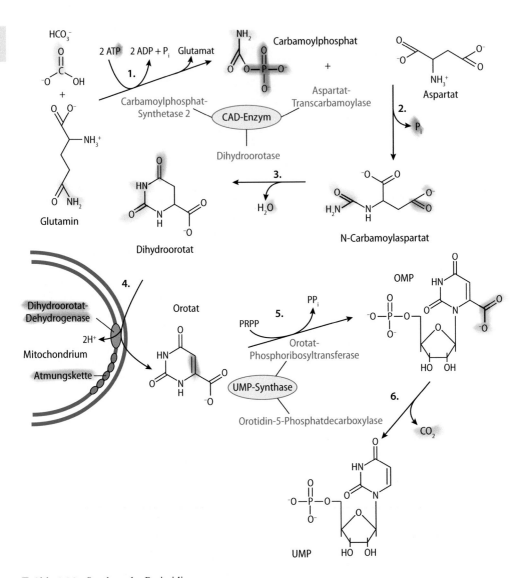

□ **Abb. 1.16**   Synthese der Pyrimidine

vor. Die Thymidylat-Synthase wird wieder gesondert reguliert. Sie hemmt ihre eigene Synthese durch mRNA und das Tumorsuppressorgen p53. Damit verhindert sie die Apoptose der Zelle. Bei einem Thyminmangel kommt es im Umkehrschluss zu vermehrtem Zelluntergang, weil p53 aktiv werden kann (□ Abb. 1.18).

Ein Recycling der Nukleoside spielt eine untergeordnete Rolle, ist prinzipiell aber durch Kinasen möglich. Die freien Basen hingegen können nicht weiter verwertet werden.

Fallstrick

Es gibt auch eine Carbamoylphosphat-Synthetase I, die im Mitochondrium das Schlüsselenzym der Harnstoffsynthese ist. Sie nutzt allerdings Ammoniak als Stickstoffdonator statt Glutamin und verbraucht nur ein ATP. Die CPS II liegt ausschließlich zytosolisch vor.

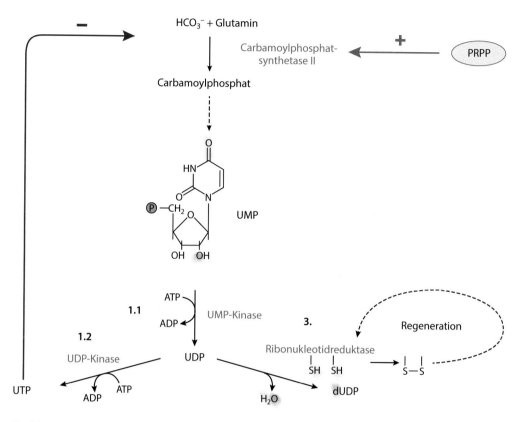

Abb. 1.17 Die Bildung von dTMP erfordert schon eine Reduktion in einem der ersten Schritte ausgehend vom Universal-Pyrimidin UMP

Abbau der Pyrimidine (◻ Tab. 1.8)

Im Gegensatz zu den Purinen laufen die Abbauwege der Pyrimidine leider nicht zu einem gemeinsamen Nenner zusammen. Cytidin und Uridin werden zu β-Alanin und von dort weiter zu Malonyl-Coenzym A(CoA) abgebaut, während Thymidin zu β-Aminoisobutyrat und folglich Methylmalonyl-CoA verstoffwechselt wird.

❯ Immerhin landen beide damit im Energiestoffwechsel, haben kein anfallendes Abfallprodukt und nutzen die gleichen Enzyme in genau gleicher Reihenfolge für ihren Metabolismus.

— Das Cytidin wird durch eine Desaminase in Uridin umgewandelt (1.1). Ab hier laufen die Reaktionen des Thymidins und Uridins gleich.

— Aus dem (Desoxy-)Nukleosid wird durch die Pyrimidinnukleosid-Phosphorylase die reine Base Uracil bzw. Thymin (1.2).
— Die Dihydropyrimidin-Dehydrogenase reduziert die Doppelbindung und bereitet den Ring darauf vor, gespalten zu werden (2).
— Die Dihydropyrimidinase übernimmt diese Aufgabe mittels Hydrolyse (3).
— Ureidopropionat und Ureidoisobutyrat lösen durch die Ureidopropionase ihre endständige Aminogruppe und das folgende Keton (als Carboxylgruppe durch H_2O) (4).

Übrig bleiben β-Alanin und β-Aminobutyrat. Sind ihre Aminogruppen auch an den β-statt den α-C-Atomen, so können sie doch durch die gleichen Enzyme abgebaut werden (◻ Abb. 1.19).

1

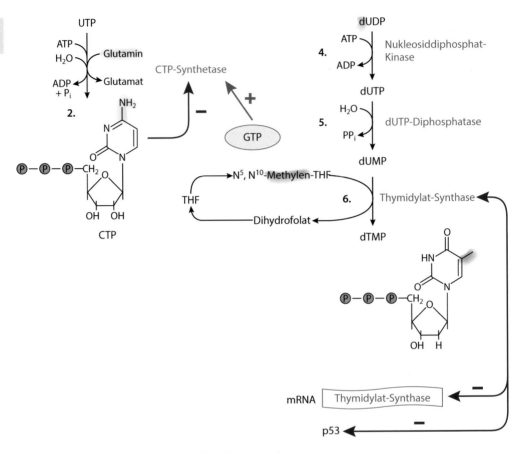

Die Pyrimidinsynthese und ihre Besonderheiten

■ Tab. 1.8 Wer-Wie-Was: Pyrimidinabbau		
Wer	Cytidin, 3 H_2O, Pi, NADPH + H^+	Thymidin, 2 H_2O, Pi, NADPH + H^+
Wo	Zytosol	Zytosol
Was	Abbau zu β-Alanin	Abbau zu β-Aminoisobutyrat
Wie	Desaminierung zu Uridin, Dephosphorylie-rung, Reduktion, hydrolytische Spaltung des Rings, Abspaltung von CO_2 und Aminogruppe durch Ureidopropionase	Dephosphorylierung, hydrolytische Spaltung des Rings, Abspaltung von CO_2 und Aminogruppe durch Ureidopropionase
Wann	Bspw. Zelluntergang mit DNA-Abbau	Beispielsweise defekte dTMP (Thymidindi-mere)
Warum	Elimination über Energiestoffwechsel	Elimination über Energiestoffwechsel

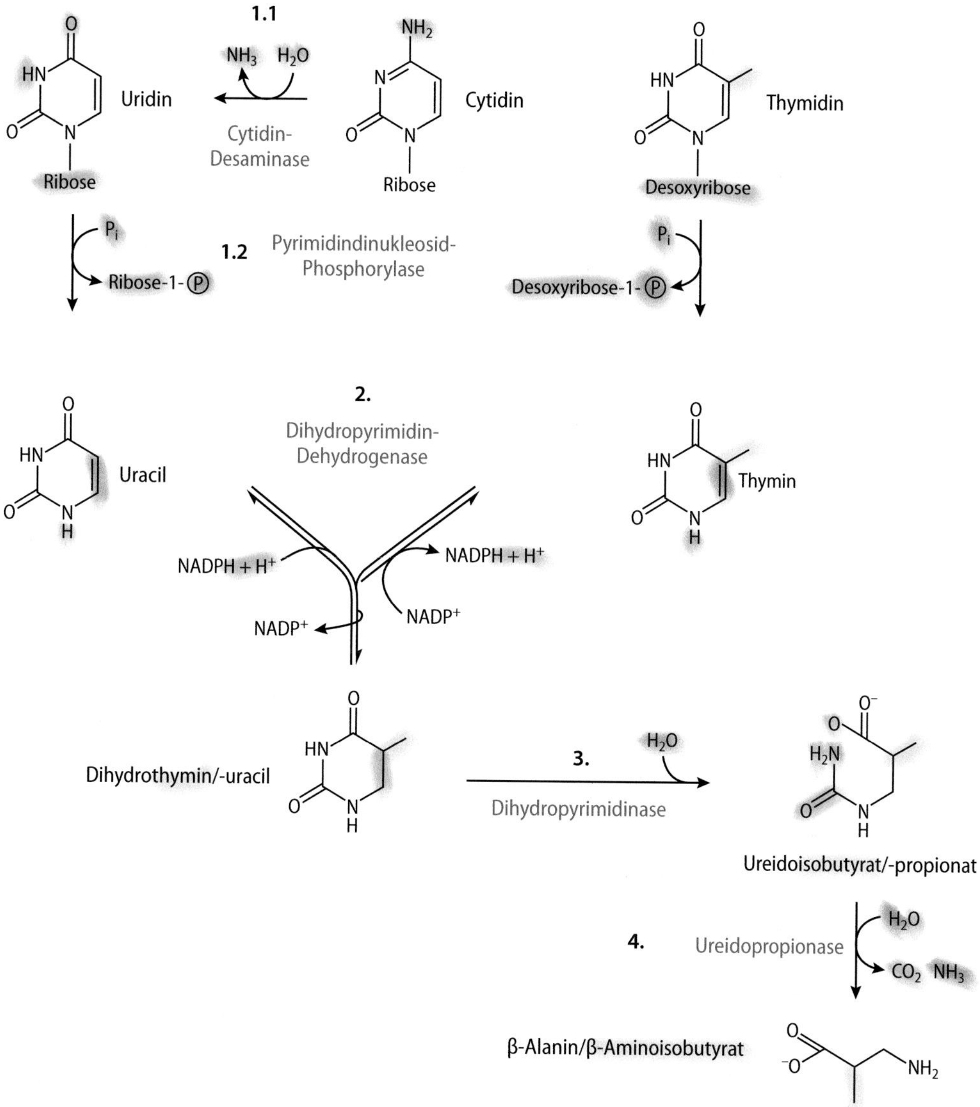

Abb. 1.19 Abbau der Pyrimidine zu Bestandteilen des Energiestoffwechsels

❯ α-Aminobutyrat (Abbauprodukt der verzweigtkettigen Aminosäuren) und Alanin folgen dem Metabolismus ihrer Aminosäuren und gehen zuletzt als Succinyl-CoA bzw. Acetyl-CoA in den Citratzyklus ein.

Pathobiochemie der Pyrimidine

Den Pyrimidinen wurden bisher nur wenige Erkrankungen zugeschrieben. Die häufigste unter den seltenen Krankheiten ist die hereditäre Orotacidurie, also ein Uridinmonophosphatsynthase-Mangel. Besonders die Orotat-Phosphoribosyltransferase des Multienzymkomplexes ist kaum aktiv, bis nicht mehr nachweisbar. Sein Substrat Orotat fällt in rauen Mengen an, zumal die CPS II enthemmt wird, und muss über die Niere eliminiert werden. Das Fehlen äquimolarer Mengen von allen Pyrimidinen führt symptomatisch zu einer megaloblastären Anämie, Entwicklungsstörungen und erhöhter Infektanfälligkeit. Wird der Gendefekt rechtzeitig erkannt, können Kinder heute mit einer strikten und lebenslangen uridinlastigen Diät ein weitestgehend normales Leben führen. Mehrere Gramm Uridin pro Tag können die leeren Speicher ausreichend auffüllen und sowohl zu Cytidin als auch Thymidin umgewandelt werden.

Zellzyklus

Inhaltsverzeichnis

© Springer-Verlag GmbH Deutschland, ein Teil von Springer Nature 2021
F. Harmjanz, *Biochemie - Zelle, Enzyme, Praktische Biochemie*,
https://doi.org/10.1007/978-3-662-60270-6_2

2

Im Laufe des Lebens einer Zelle befindet sie sich nicht ausschließlich in einem Arbeitsmodus. Nach ihrer Entstehung durch Zellteilung muss sie für einen gewissen Zeitraum ihrer eigentlichen Aufgabe nachgehen, bevor sie sich selbst vielleicht wieder einer Teilung unterzieht. Damit dabei nichts schiefgeht und keine entarteten Zellen, ein Tumor, entstehen, gibt es Sicherheitschecks wie am Flughafen. Die Zelle wird auf Herz und Niere geprüft. Ist sie nicht so weit oder ist gar ein Fehler aufgetreten, so gibt es einen sofortigen Stopp des Zyklus, gegebenenfalls wird sogar der programmierte Zelltod eingeleitet (◻ Abb. 2.1).

2.1 Regulation des Zellzyklus

Nach mitotischer Teilung einer Zelle sind zwei Tochterzellen entstanden. Diese stehen nun vor der Wahl, in die G_0- oder G_1-Phase überzutreten. Letztere bedeutet, dass die Zelle sich weiterhin im Zellzyklus befindet und die Absicht hat, sich im Verlauf wieder zu teilen. Eine Zelle in der **G_0-Phase** ist aus dem Zyklus ausgetreten und beabsichtigt nicht, sich noch einmal zu teilen. Komplett ausdifferenzierte Zellen (z. B. Neurone) gehen in diese Phase über. Zellen können aber auch daraus wieder zurück in die G_1-Phase und folglich in den Zellzyklus zurückkehren. Die Phasen sind mit „G" für „Gap" abgekürzt, weil eine Zelle, in der Proteinbiosynthese stattfindet, für die damaligen Forscher augenscheinlich nichts tat. Es gibt noch eine dritte, die G_2-Phase, die jedoch erst nach der S-Phase beginnt. In der **S(ynthese)-Phase** wird zusätzlich zur Proteinbiosynthese die DNA repliziert. Die G_2-Phase ist deutlich kürzer als die anderen beiden. Sie dient den letzten Vorbereitungen vor der Teilung. Protein- und RNA-Synthese laufen weiter. Zuletzt geht die

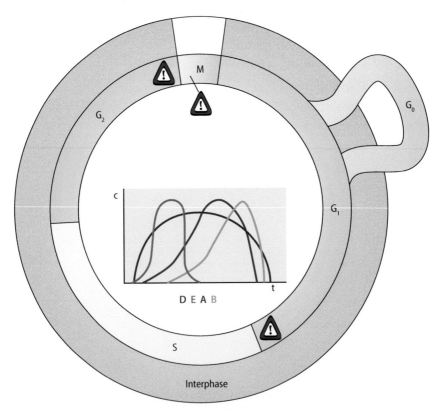

◻ **Abb. 2.1**   Der Zellzyklus und seine Regulatoren. Kontrollpunkte sind mit kleinen Warnschildern hervorgehoben

Zelle in die **Mitose-Phase** über. Sie ist die kürzeste der fünf mit maximal einer Stunde und wird noch einmal in unterschiedliche Phasen unterteilt. Diese sollten aus der Biologie zu Genüge bekannt sein, hier aber noch einmal ein kurzer Abriss zur Erinnerung:

Die **Prophase** ist der Moment der Anordnung. Die kondensierten Chromosomen lagern sich äquatorial an und die Centrosomen positionieren sich gegenüber. In der **Prometaphase** breitet sich der Spindelapparat aus und dockt in der **Metaphase** an den Kinetochoren der Chromosomen an. Das ist übrigens die Phase, in der man die die Chromosomen arretiert, um ein Karyogramm zu erstellen. Die **Anaphase** trennt die einzelnen Chromatiden, bevor die **Telophase** die physische Trennung der zwei Tochterzellen durch einen kontraktilen Ring vornimmt.

2.1.1 Zykluskontrolle

Insgesamt braucht eine Zelle, die nicht in die G_0-Phase tritt, etwa 24 Stunden für einen kompletten Zyklus. Wichtig ist dabei die permanente Eigenkontrolle. So gibt es einen Kontrollpunkt gegen Ende der G_1-Phase, der das allgemeine Zellwachstum und die Herstellung der Nukleotide bewertet sowie die DNA auf Schäden überprüft. In der S-Phase wird unkontrolliert synthetisiert. Ist die G_2-Phase fast vollständig durchlaufen, wird die replizierte DNA auf Schäden untersucht. Finden sich keine Fehler, beginnt die Mitose. In deren Metaphase wird noch ein letztes Mal kontrolliert, ob die Spindeln auch adäquat an den Kinetochoren angegriffen haben, sodass eine gleichmäßige Verteilung stattfindet.

Kontrolleure dieser Checkpoints sind die Cycline bzw. die **CdKs** (Cycline-dependent kinases). Sie unterliegen ihrem eigenen Rhythmus, mit dem der Rhythmus der Zelle synchronisiert wird.

❯ Die CdKs liegen permanent in der Zelle vor.

Sie werden phasisch von den Cyclinen aktiviert, können aber trotzdem wieder durch Phosphorylierung oder CdK-Inhibitoren (CKI) inaktiviert werden. Ein Komplex von Cyclin und CdK entfaltet seine Wirkung vor allem im Nukleus, indem er beispielsweise wieder andere Aktivatoren der DNA-Replikation durch Phosphorylierung in Gang setzt. Die genauen Interaktionen sind bisher nicht abschließend erforscht und gehen zu weit in die Materie. Im Zytoplasma beeinflussen die Komplexe die Ausprägung der Centrosomen oder „microtubule organizing center" (MTOC) sowie die Aufteilung der anderen Zellorganellen.

Wichtig zu verstehen ist, dass es die **Cycline A, B, D und E** in wechselnden und sich überschneidenden Konzentrationen gibt, ähnlich der Hormonkonzentrationen des weiblichen Zyklus. Diese Konzentrationen werden durch Proteolyse gesteuert.

- Bei einer gesunden Zelle ist das Cyclin D nur am Ende der Mitose kaum messbar, sonst ist es konstant erhöht und interagiert mit CdK4 und 6. Dadurch wird die G_1- und S-Phase unterstützt.
- Cyclin E hat einen klaren Peak zwischen G_1- und S-Phase, also zum Zeitpunkt des ersten Kontrollpunktes und befindet sich währenddessen im Komplex mit CdK2.
- Cyclin A steigt mit Beginn dieses Peaks stetig an und findet sich während der S-Phase zusammen mit CdK2. Es hat seinen Höhepunkt in der G_2-Phase und fällt dann steil in der M-Phase ab. In dieser Zeit ist es an CdK1 gebunden.
- Cyclin B taucht erst mit Eintritt der Synthese-Phase auf und steigt ebenfalls flach an. Seinen Zenit erreicht es zwischen G_2- und M-Phase, die es zusammen mit CdK1 unterstützt (❑ Abb. 2.2).

2

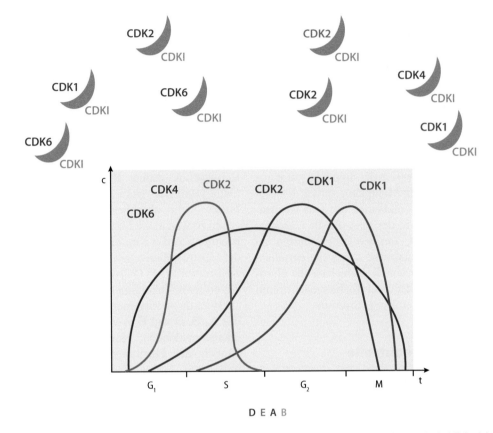

■ **Abb. 2.2**   Je nach Aktivitätszustand der Zelle variieren die Konzentrationen an Cyclinen. Die farblich gleich dargestellten CDK sorgen für die Wirkspiegel. Inhibiert werden diese sonst von den CDK-Inhibitoren

2.2   Replikation

Die Replikation der DNA erfolgt in der S-Phase des Zellzyklus. Man spricht von einer **semikonservativen Synthese**, weil am Ende je ein alter DNA-Einzelstrang mit einem neuen Einzelstrang eine neue Doppelhelix ausbildet. In diesem Moment sind alle anderen Synthesen von untergeordneter Rolle. Bevor die einzelnen Enzyme an die Doppelhelix angreifen können, muss das Chromatin aufgelockert als Euchromatin vorliegen (■ Tab. 2.1).

2.2.1 Initiation der Replikation

Der **Präinitiationskomplex**, der sich in der G_1-Phase gebildet und an eines der tausen-

den **Replikons** oder **ORI („origin of replication")** angedockt hat, wird durch den Wechsel der Cyclin-CdK-Komplexe aktiviert und verhindert zugleich die Synthese neuer Initiationskomplexe. Eukaryoten brauchen viele ORIs, weil bei einer Replikationsgeschwindigkeit von 3×10^3 Basenpaaren (Bp)/min und einer Chromosomengröße von $2{,}5 \times 10^8$ Bp eine Replikation mehrere Wochen dauern würde.

— Der **Initiationskomplex** beinhaltet die Helikase, die beginnt die Helix unter ATP-Verbrauch zu entwinden.
— Die Einzelstränge der sich öffnenden Replikationsgabel werden durch **RPAs (Replication protein A)** stabilisiert.
— Damit der DNA-Teil hinter der Helikase nicht superspiralisiert wird und bricht, kommen die Topoisomerasen zum Ein-

▫ **Tab. 2.1**	Wer-Wie-Was: DNA-Replikation
Wer	Linearer DNA-Doppelstrang
Wo	Nukleus
Was	Synthese von zwei Tochtersträngen
Wie	Anheftung des Präinitiations-komplex ans ORI in G_1-Phase, Aktivierung durch Cyclin-CdK-Komplex in S-Phase, Öffnung des Doppelstrangs durch Helikase, Entwindung durch Topoisomerasen, Stabilisierung durch RPA, Primersynthese und Beginn der Tochterstränge durch DNA-Polymerase α, weitere Synthese und Fehlerkorrektur durch δ (Folgestrang) und ε (Leitstrang)
Wann	S-Phase des Zellzyklus
Warum	Vorbereitung auf Mitose

satz. Topoisomerase I spaltet einen DNA-Einzelstrang durch einen nukleophilen Angriff der Phosphodiesterbindung, sodass sich beide Enden ausdrehen können. ATP-abhängig löst die Topoisomerase beide Stränge und führt sie nach der Entwindung zusammen.

— Die Nukleosomen erhalten durch die auf sie zuwandernde Spannung der Helix das Signal sich zu lösen, die Histonoktamere zerfallen, lagern sich aber direkt wieder an die neuen Doppelstränge an.

Heute weiß man, dass die Geschwindigkeit der sich lösenden und wieder andockenden Histone durch Gentranskription und sogenanntes Histone Remodeling reguliert werden kann. Die spezifischen Mechanismen sind jedoch noch nicht vollständig verstanden.

2.2.2 Elongation der Replikation

❯ Als ersten Schritt der Elongation können Primer anmoduliert werden, kurze RNA-Sequenzen, die eine 3'OH-Bindungsstelle für den DNA-Einzelstrang darstellen.

Die DNA-Polymerase α synthetisiert sie von 5'- in 3'-Richtung am Leitstrang (der von 3' nach 5' abgelesen wird) und hängt die ersten dNTPs (Desoxyribonukleosidtriphosphate) an. Den Komplex aus allen gemeinsam an der Replikation arbeitenden Enzymen nennt man Replisom. Solange die DNA-Polymerase α in räumlicher Nähe der Helikase ist, laufen beide auf Hochtouren. Bleibt die Polymerase zurück, weil vielleicht eine Reparatur nötig ist, verlangsamt sich auch automatisch die Helikase in ihrem Voranschreiten.

— Der Folgestrang muss diskontinuierlich in kleinen Stücken synthetisiert werden, denn seine Leserichtung liegt falsch herum vor. Die Synthese erfolgt in sogenannten **Okazaki-Fragmenten** von bis zu 200 Nukleotiden. So viel Platz lässt die Replikationsgabel, bis ein neuer Primer am neuen Anfang eingefügt werden muss und der bereits erstellte Strang am Ende der Replikationsgabel bzw. an seinem Vorgängerfragment ankommt.

— Die DNA-Polymerasen können nur ihrer Arbeit nachgehen, wenn sie zusätzlich an den Einzelstrang fixiert werden. Dazu haben sie eine Clamp (Gleitring), die sich durch ATPasen kurzfristig öffnet und dann die DNA umschließt. So lange wie die Clamp den Strang ummantelt, können die Enzyme synthetisieren (▫ Abb. 2.3).

❯ Der eigentliche DNA-Strang wird beim Leitstrang von der Polymerase ε an den Primer synthetisiert. Bei den Okazaki-Fragmenten übernimmt dies die Polymerase δ, die Abschnitte werden durch die DNA-Ligase nach Entfernung der Primer miteinander verbunden.

— Treten Defekte auf, repariert sie entweder die DNA-Polymerase δ oder ε. Beide besitzen zusätzlich eine 3',5'-Exonukleaseaktivität, die es ihnen ermöglicht, zuvor entdeckte Fehler direkt zu beheben. Sie lösen die 3'-Bindung und fügen die richtige Base sofort ein.

2

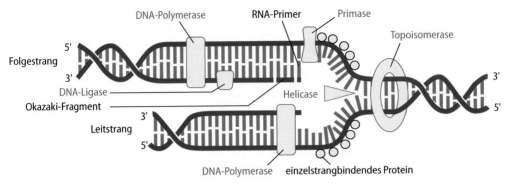

Abb. 2.3   Die Replikationsgabel und ihre Enzyme. (Aus Neubauer 2019, Wöhlers Entdeckung. Springer, mit freundlicher Genehmigung)

2.2.3 Termination der Replikation

Das Ende der Replikation beginnt mit dem Ablösen der endständigen Primer durch die RNAse (FEN-1, Flap endonuclease 1), die den neuen Strang nochmal auf seine Richtigkeit überprüft. Eventuelle falsche Basen werden direkt ausgeschnitten und durch die Polymerasen aufgefüllt. Auf Seite des Folgestrangs führt die Primerentfernung dazu, dass der letzte Teil (50–200 Basen) der DNA nicht synthetisiert werden kann, weil eine 3'OH-Stelle zum Andocken fehlt. Dadurch verkürzt sich die DNA um genau diesen Abschnitt. Der Körper hat sich für diese Eventualität angeeignet, einen gewissen Überhang an DNA zu haben. Die Enden sind also irrelevant und haben keine codierenden oder regulierenden Funktionen. Sie werden als **Telomere** bezeichnet und bestehen auf dem Leitstrang aus einem Vielfachen der Sequenz 5'-TTAGGG-3'. Mit jeder Teilung hat die Zelle weniger von ihrem Telomer übrig, weswegen die Länge der Telomere eine Aussage darüber zulässt, wie viele Zellzyklen eine Zelle noch bis zur endgültigen Ausdifferenzierung oder Apoptose durchlaufen kann. Im Durschnitt sind 30-50 Teilungen möglich.

Ausgenommen davon sind Stammzellen und Tumorzellen – deswegen liebt man die einen und hasst die anderen. Sie sind in Besitz einer **Telomerase**, die sie quasi unsterblich macht.

> Die Telomerase ist eine Polymerase, die die Telomere ohne Primer wieder anhängen kann, denn sie selbst ist ein Ribonukleoprotein.

Das heißt, dass sie selbst ein RNA-Molekül gebunden hat, das sie als Bindestelle nutzen kann, weil es exakt komplementär der TTAGGG-Sequenz ist – also 5'-UA-ACCC-UA-3'. Vergleichbar ist ihre Aktivität mit der einer reversen Transkriptase, wie sie in RNA-Viren (beispielsweise HIV) vorkommt.

Denkstütze

Wer denkt, 5'-TTAGGG-3' und 5'-UA-ACCC-UA-3' würden nicht zusammenpassen, der irrt. Die vorne und hinten stehenden UA bilden den Übergang. Hier muss auch bedacht werden, dass von 3' nach 5' von der Telomerase gelesen wird. Und schon passt das Ganze wieder:

Wie man die RNA der Telomerase lesen muss	A	U	C	C	C	A	A	U
Syntheserichtung von 5' nach 3' als DNA	T	A	G	G	G	T	T	A

2.2.4 Replikation der Prokaryoten (◘ Tab. 2.2)

Die Prokaryoten haben es durch einige ihrer Beschaffenheiten leichter. So ermöglicht es die Ringstruktur ihrer DNA, dass keine Telomerverkürzung auftreten kann. Im Gegenteil, es gibt gar keine. Die DNA kann sowohl an Folge- als auch Leitstrang komplett synthetisiert werden. Auch gibt es nur ein ORI, das aber, sobald die Replikationsgabel davon weit genug entfernt ist, vom nächsten Initiationskomplex angegriffen werden kann. So erklärt es sich, dass Bakterien sich trotz der Länge einer Replikation von fast einer Stunde im Schnitt alle 30 Minuten teilen können. Ihre Replikationsgeschwindigkeit beträgt 5×10^4 Bp/min bei einer Chromosomengröße von $4,6 \times 10^4$ Bp. Die Enzyme der Bakterien heißen ebenfalls anders (◘ Abb. 2.4).

❯ So synthetisiert die Primase den Primer, das RPA heißt SSBP (Single-stranded binding protein, wird oft fälschlicherweise auch für Eukaryoten genannt) und die Polymerasen sind mit römischen Ziffern versehen.

Der Ablauf bleibt der gleiche:
- Eine Helikase entwindet den Doppelstrang und die SSBPs stabilisieren die Einzelstränge.
- Die Topoisomerasen verhindern Strangbrüche, wobei eine Besonderheit der Topoisomerase II (Gyrase genannt) in einem absichtlichen Superspiralisieren der Stränge liegt. Man geht davon aus, dass die leichte Superspiralisierung dabei hilft, den zyklischen Doppelstrang auf-

◘ Tab. 2.2 Wer-Wie-Was: Replikation der Prokaryoten

Wer	Ringförmiger DNA-Doppelstrang
Wo	Zytoplasma
Was	Synthese zweier Tochterstränge
Wie	Helikase öffnet Ring, Topoisomerasen entwinden, SSBP stabilisiert Einzelstränge, Primase synthetisiert Primer, DNA-Polymerase III baut Folge- und Leitstrang auf, DNA-Polymerase I korrigiert Fehler und löst Primer ab, Topoisomerase II trennt Töchterstränge
Wann	Permanent
Warum	Teilung nach Abschluss der Replikation

zutrennen. Außerdem trennt sie am Ende der Termination die beiden ringförmigen Tochterchromosomen voneinander. Gyrase-Hemmer sind eine Gruppe von wirksamen Antibiotika bei vielen Prokaryoten.
- Die Primase initiiert die Elongation mit ihren 5–10 Basen, die DNA-Synthese wird von der DNA-Polymerase III fortgeführt. Sie kann sowohl den Folge- als auch den Leitstrang bedienen.
- Die Polymerase I löst den Primer mit Ende der Elongation und bedient gleichzeitig die Reparaturmechanismen.

2.3 Apoptose

Der **programmierte Zelltod** kann durch die verschiedensten Probleme ausgelöst werden. Vorteil ist, dass keine benachbarten Zellen

2

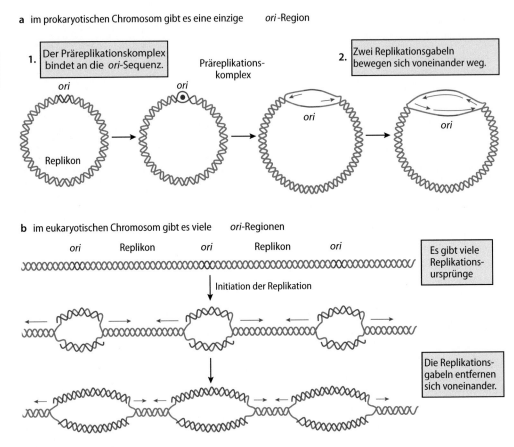

a im prokaryotischen Chromosom gibt es eine einzige *ori*-Region

1. Der Präreplikationskomplex bindet an die *ori*-Sequenz.

Präreplikations-komplex

2. Zwei Replikationsgabeln bewegen sich voneinander weg.

ori

ori

ori

ori

Replikon

b im eukaryotischen Chromosom gibt es viele *ori*-Regionen

ori   Replikon   *ori*   Replikon   *ori*

Es gibt viele Replikations-ursprünge

Initiation der Replikation

Die Replikations-gabeln entfernen sich voneinander.

☐ **Abb. 2.4** Replikation der Prokaryoten. Ihre zyklische Form ermöglicht es, sowohl Leit- als auch Folgestrang in einem Stück zu synthetisieren. (Aus Sadava et al. 2019, Purves Biologie, 10. Auflage. Springer, mit freundlicher Genehmigung)

in Mitleidenschaft gezogen werden. Im Rahmen der embryonalen Entwicklung ist sie sogar gewollt, um die Kontur des menschlichen Organismus zu formen. Dass wir Finger und nicht Flossen haben, lässt sich auf Apoptose zurückführen. Die Reaktionskaskade beginnt mit einem Signal, das von außen (extrinsisch) oder von innen (intrinsisch) kommen kann.

Übergeordnet stehen Moleküle wie der Tumorsuppressor p53, welcher sowohl extrinsische als auch intrinsische Signale induziert, wenn eine Zelle irreparable DNA-Schäden aufweist. Wie komplex die apoptotischen Vorgänge sind, wurde erst Ende des letzten Jahrtausends gänzlich verstanden und kann hier nicht in seinem vollen Ausmaß erläutert werden. Ein Einblick in die Mechanismen und ein paar Moleküle namentlich in Bezug bringen zu können, ist jedoch unverzichtbar. Die Entdecker der spezifischen Reaktionskaskaden (Sydney Brenner, John Sulston und Robert Horvitz) erhielten 2002 den Nobelpreis der Medizin (☐ Abb. 2.5).

2.3.1 Extrinsischer Signalweg

❯ Extrinsisch kann ein Fas-Ligand an den Fas-Rezeptor der Zelle binden oder ein Tumornekrosefaktor an den seinen.

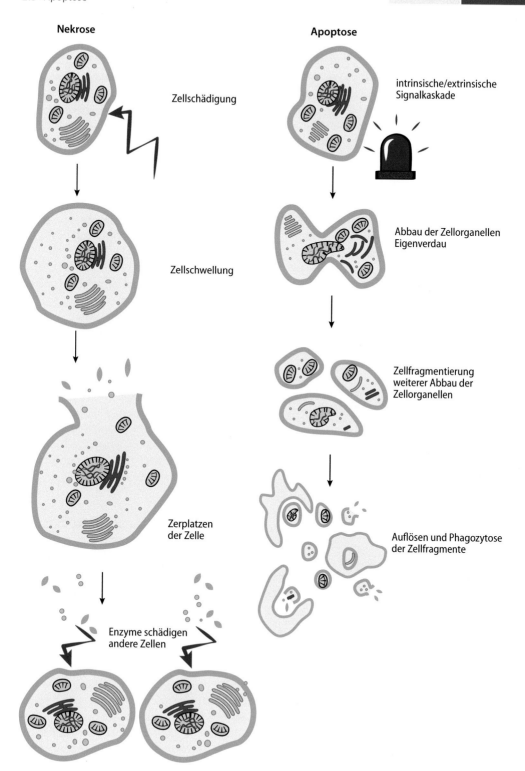

Nekrose

Apoptose

Zellschädigung

intrinsische/extrinsische
Signalkaskade

Zellschwellung

Abbau der Zellorganellen
Eigenverdau

Zellfragmentierung
weiterer Abbau der
Zellorganellen

Zerplatzen
der Zelle

Auflösen und Phagozytose
der Zellfragmente

Enzyme schädigen
andere Zellen

◻ **Abb. 2.5** Apoptose und Nekrose. Beide Vorgänge führen zum Zelluntergang, aber einer schadet den umliegenden Zellen, während der andere geregelt abläuft

2

- An ihrer intrazellulären Seite haben die Rezeptoren eine „death domain", die über das FADD (Fas-associated death domain containing protein) mit der **Procaspase-8** in Kontakt kommt.
- Die **Caspasen (Cysteinylaspartylproteasen)** lösen die eigentliche Kettenreaktion der Apoptose aus.
- Mehrere FADD und Procaspasen-8 bilden einen Multiproteinkomplex aus, den DISC („death-inducing signalling complex"). Darin lagern sich die Procaspasen zusammen und aktivieren sich gegenseitig, sodass sie letztlich als **lösliches Caspasetetramer** freigesetzt werden.
- Als Initiatorcaspase aktiviert sie die **Effektorcaspasen-3, -6 und -7**, die lebenswichtige Proteine bewusst zerstören und so den intrazellulären Zerfall einleiten.

2.3.2 Intrinsischer Signalweg

Intrinsisch wird die Apoptose durch größere DNA-Schäden, oxidativen Stress oder reaktive Sauerstoffspezies angestoßen.

❯ Dadurch werden sogenannte proapoptotische Proteine aus den Mitochondrienmembranen freigesetzt.

Ermöglicht wird die Passage der Mitochondrienmembran durch Heterodimere wie Bax/Bak, die der proapoptotischen Riege der Bcl-2-Proteine angehören. Sie können Poren in der inneren Membran bilden. Ihre Gegenspieler sind Mcl-1 oder Bfl-1, die durch Bindung an die Komplexe die Porenbildung unterbinden.

Weitere Akteure sind Bid (BH3 interacting domain death agonist) und Bad (Bcl-2 antagonist of cell death).

❯ Bid ist die Verbindung zum extrinsischen Weg, denn es wird durch dessen Caspase-8 aktiviert (gespalten) und stimuliert dann die Porenbildung.

Bad wird aktiv, wenn es nicht phosphoryliert ist und disinhibiert dann Bax und Bak. Wachstumsfaktoren stimulieren die Phosphorylierung von Bad, weswegen ihre Wirkung als antiapoptotisch beschrieben werden kann.

- Wichtigster austretender Vertreter des Mitochondriums ist das **Cytochrom c**, welches an Apaf-1 (Apoptotic protease activating factor 1) im Zytosol bindet. Dadurch kommt es zu einer Konformationsänderung mit Hydrolyse von Desoxyadenosintriphosphat (dATP) aus Apaf-1.
- Mehrere dieser Cytochrom-C-Apaf-1-Komplexe lagern sich zusammen zum sogenannten **Apoptosom**.
- Es aktiviert nun die **Initiatorcaspase-9**, die ähnlich dem extrinsischen Weg weitere **Procaspase-9**-Moleküle rekrutiert.
- Sie lagern sich als Heterotetramere zusammen und aktivieren so die Effektorcaspasen-3, -6 und -7.
- Im gleichen Zeitraum wird auch Smac (Second mitochondria-derived activator of caspase) aus den Mitochondrien freigesetzt und unterstützt die Apoptosome, indem es seine Inhibitoren hemmt.

2.3.3 Gemeinsame Endstrecke

Nach der Signaltransduktion leitet die Zelle die Kondensation des Chromatins ein. Die Effektorcaspasen spalten den ICAD (Inhibitor der Caspase-aktivierten DNAse) sowie Bestandteile des Zytoskeletts und der Kernlamina. Durch das Fehlen des ICAD wird die DNA in kleine leiterartige Bruchstücke zerlegt, die im Labor nachweisbar sind. Danach schrumpft der Zellkern und die Plasmamembran fängt an sich zu wölben. **Phosphatidylserin**, welches normalerweise intrazellulär überwiegt, switcht nach außen und lockt phagozytierende Zellen an. Der Zellkern teilt sich in Fragmente auf und die ganze Zelle zerfällt zu kleinen Vesikeln aus

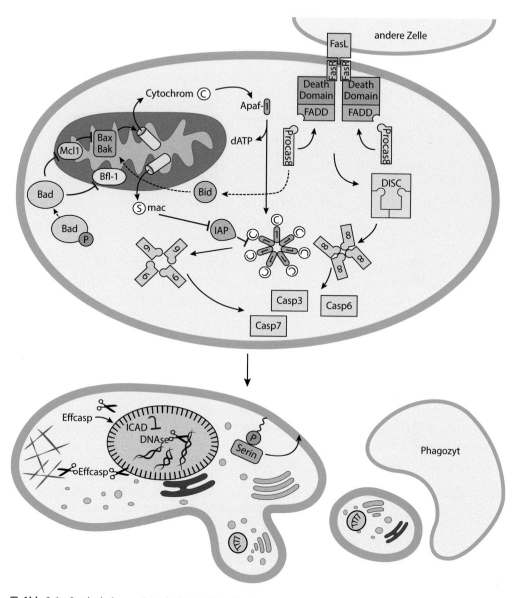

◘ Abb. 2.6   Intrinsischer und extrinsischer Weg der Apoptose

der Plasmalemm, gefüllt mit Bruchstücken der Organellen. Diese Vesikel werden von Makrophagen phagozytiert. Es treten keine sauren oder reaktiven Stoffe aus, wodurch es nicht zu einer Entzündungsreaktion kommt (◘ Abb. 2.6).

2.4   Zellerhaltung

Das Leben einer Zelle wird in vielerlei Form bedroht. Sie ist Strahlung, chemischen und mechanischen Noxen ausgesetzt. Auch muss sie mit ihrer Energie in verschiedenen Zu-

2

▣ Tab. 2.3	Wer-Wie-Was: DNA-Reparatur		
Wer	DNA mit beschädigter Base	DNA mit Konformations-änderung	DNA mit falscher Base
Wo	Nukleus	Nukleus	Nukleus
Was	Basenexzision (einzeln)	Nukleotidexzision (mehrere)	Mismatch-Reparatur
Wie	DNA-Glykosylase erkennt und schneidet Base aus, Phosphodiesterase löst Desoxyribosephosphat, DNA-Polymerase β fügt ein, DNA-Ligase verbindet	Transkriptionsfaktor IIH erkennt und schneidet aus, DNA-Polymerase δ oder ε fügt ein, DNA-Ligase verbindet	hMutSa und hMutLa erkennen und schneiden Strang, Exonuklease schneidet Abschnitt aus, DNA-Polymerase δ fügt ein, DNA-Ligase verbindet
Wann	Nachträglicher Schaden an ursprünglich intakter Base	Nachträglicher Schaden an ursprünglich intakter Base	Bei Replikation falsch eingebaute Base
Warum	Fehlerhafte Replikation	Fehlerhafte Replikation	Keine Mitose

ständen haushalten und zeitgleich ihre eigenen Strukturen permanent in Schuss halten. Allein das Aufrechterhalten ihrer Basisaktivität hat einen hohen Energiebedarf. Die Funktionen der Transkription und Translation werden nur im Rahmen der Replikation und Mitose unterbrochen. Eine Zelle, die sich in der G_0-Phase befindet, hat dies nicht mehr nötig und kann bis zu ihrem Untergang Proteinbiosynthese betreiben.

2.4.1 DNA-Reparatur (▣ Tab. 2.3)

Man könnte meinen, dieses Thema sei schon bei der Replikation abgehakt worden, schließlich wurde die Exonukleaseaktivität von FEN-1 und den DNA-Polymerasen beschrieben. Allerdings können Schäden an der DNA nicht nur während der Replikation auftreten. Alltägliche Einflüsse wie UV-A-Strahlung und Radikale können die DNA zu jedem Zeitpunkt in Mitleidenschaft ziehen. Klassisch ist die oxidative Desaminierung von Cytosin zu Uracil, welches in der DNA nicht vorkommen darf, weil es eine angreifbare 2'OH-Gruppe besitzt. Teilweise wird sie durch Mutagene

ausgelöst oder tritt spontan auf. Auch Adenin kann zu Hypoxanthin desaminiert werden. Strahlung führt eher zur Bildung von Thymindimeren, bei denen sich ein Cyclobutanring aus vier benachbarten Kohlenstoffatomen bildet. Wurde eine komplett falsche Base bei der Replikation eingebaut und währenddessen nicht erkannt, so stoßen sich die gegenüberliegenden ungleichen Partner ab.

Dagegen gibt es die Exzisionsreparaturen und die Mismatch-Reparatur. Eine schneidet nur die falsche Base aus, eine andere das gesamte Nukleotid (i. d. R. mehrere), die letzten einen kleinen Abschnitt.

❯ Bei der Basenexzisionsreparatur erkennt die DNA-Glykosylase das Uracil und trennt die N-glykosidische Bindung, sodass die defekte Base freigesetzt wird.

— Die Desoxyribose und das Phosphat werden durch die AP-Endonuklease („apurinic/apyrimidinic site") und eine Phosphodiesterase gelöst. Die DNA-Polymerase β füllt die Lücke auf, während die DNA-Ligase die Bindung zum restlichen Strang wieder aufbaut.

❯ Die Nukleotidexzisionsreparatur erkennt Konformationsänderungen.

— Hauptakteur ist Transkriptionsfaktor IIH, weswegen der Prozess vor allem bei aktiv transkribierten DNA-Abschnitten zum Tragen kommt. Der Doppelstrang wird aufgetrennt und der beschädigte Strang einige Nukleotide ober- und unterhalb des Schadens abgeschnitten. Die DNA-Polymerase δ oder ε füllt diese größeren Lücken wieder auf, bevor die DNA-Ligase die Einzelteile zusammenfügt.

❯ Noch bevor die DNA-Ligase die Möglichkeit hatte, alle Nukleotide bei der Replikation miteinander zu verbinden, kann hMutSa mit hMutLa übersehene fehlerhafte (mismatched) Basen erkennen.

— Durch ihre **Endonukleaseaktivität** schneidet sie den Strang und rekrutiert eine Exonuklease zum Ausschneiden des betroffenen Abschnitts. Danach füllt die DNA-Polymerase δ die Lücke wieder auf, bevor die DNA-Ligase alles verbindet (◘ Abb. 2.7).

2.4.2 Transkription

Damit die Informationen der DNA für die restlichen Organellen der Zelle verfügbar werden, müssen sie in lesbarem Zustand aus dem Zellkern in das Zytoplasma gelangen. Der **konservierte Code** muss „abgeschrieben" werden. Diese Transkripte bedürfen nicht der gleichen Widerstandsfähigkeit und Ausführlichkeit. Es reicht, wenn sie einen bestimmten Teil für eine bestimmte Aufgabe einer der Organellen enthalten. All diese Anforderungen erfüllt die RNA. Ihre Synthese ist deutlich weniger aufwendig, denn es muss nur ein Strang ohne Mitwirkung der Ribonukleotidreduktase entstehen.

❯ Wann welcher Abschnitt der DNA transkribiert wird, regulieren die Transkriptionsfaktoren, Proteine, die mit der DNA interagieren.

Auch gibt es Möglichkeiten, die Bildung von Euchromatin zu unterbinden oder zu unterstützen.

❯ So führt eine Methylierung von Cytosin, vor allem im Bereich von CpG-Inseln (C- und G-reichen Sequenzen) zu weniger Transkription.

DNA-Methylierung ist die Ursache des Imprintings, das heißt, manche Gene liegen auf mütterlichen und väterlichen Allelen vor, werden aber nur bei einem von beiden transkribiert.

❯ Eine Acetylierung von Histonen hebt die positive Ladung auf, vermindert so die Bindung an die negativen Phosphate und führt zu einer erleichterten Bindung von Transkriptionsfaktoren.

Methylierungen an Arginin oder Lysin sowie Phosphorylierungen an Threonin, Tyrosin oder Serin der Histone können verschiedene Muster aufweisen. Je nachdem wo und wie viele Modifikationen auftreten, kann es zu vermehrter oder verminderter Transkription führen. Man nennt diese Modifikationen auch Histon- oder **Chromatin-Remodelling**.

Initiation der Transkription

Bevor die RNA entlang des codogenen Stranges der DNA synthetisiert werden kann, muss die Doppelhelix wieder durch die Helikase und Topoisomerasen der Replikation geöffnet werden. Der Beginn eines Syntheseabschnitts ist gekennzeichnet durch einen sogenannten **Promotor**.

❯ Dieser besteht aus einer spezifischen Nukleotidsequenz oberhalb (upstream) des zu transkribierenden Bereichs.

Je nachdem, was für eine RNA generiert werden soll, gibt es verschiedene Initiationskomplexe und Promotoren. Bis heute wurden mehrere Tausend davon identifiziert.

2

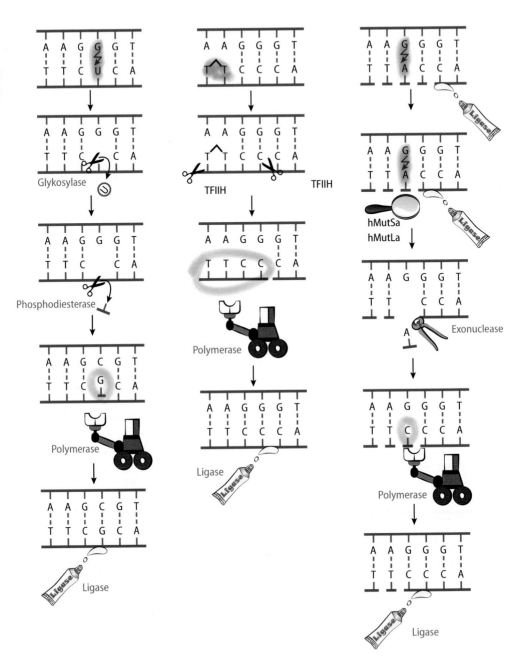

☐ **Abb. 2.7**   Die Reparaturmechanismen der DNA. *Links* Basenexzisionsreparatur, *mittig* Nukleotidexzisionsreparatur und *rechts* Mismatch-Reparatur

Sie sind aufgebaut aus der Bindungsstelle für **basale Transkriptionsfaktoren**
(z. B. Transkriptionsfaktor IIA/B/C für den
basalen Transkriptionsfaktor der RNA-
Polymerase II Typ A/B/C), der **TATA-Box**

und einem **Initiatorelement**. Letzteres markiert den Startpunkt der Transkription. As-
soziiert daran sind außerdem Enhancer- und
Silencer-Sequenzen, up- oder downstream
des Promotors, die die Transkription be-

einflussen können, sobald bestimmte Stoffe daran binden.

Abgelesen wird wieder in 3'-nach 5'-Richtung, jetzt jedoch von einer **RNA-Polymerase**, die keinen Primer benötigt. Dabei können drei Polymerasen unterschieden werden, je nachdem welche RNA erzeugt werden soll. Die **RNA-Polymerase I** transkribiert ausschließlich im Nukleolus, nämlich drei der vier rRNAs (5,8S, 18S und 28S). Die **RNA-Polymerase II** synthetisiert die Prä-mRNA, um die es im Weiteren hauptsächlich gehen soll, sowie snRNA und snoRNA. Zuletzt baut die **RNA-Polymerase III** Prä-tRNA, die letzte rRNA (5S) und ebenfalls kleinere regulatorische RNAs.

Elongation der mRNA

Abgesehen davon, dass kein Primer bei der Transkription vorkommt, gibt es auch keine Verwendung für Ligasen, denn es bedarf keiner Synthese in entgegengesetzter Richtung. Dafür braucht die entstehende Prä-mRNA andere Dinge.

- Damit sie nicht direkt wieder durch Nukleasen abgebaut wird, muss ihrem Anfang schnellstmöglich eine 5'-Cap angehängt werden. Es handelt sich dabei um ein Methylguanosin, das in drei Schritten durch den CSC (Cap synthesizing complex) gewonnen wird.
- Das 5'-Triphosphat wird zum Diphosphat reduziert, indem die RNA-Triphosphatase das γ-Phosphat abspaltet.

- Eine Guanylyltransferase stellt eine 5'-5'-Verknüpfung mit einem Guanosin her, welches letztlich durch eine SAM-abhängige Methyltransferase methyliert wird.

Die Cap dient auch als Signal, die wachsende mRNA Richtung Zytosol zu befördern und dort an die kleine Untereinheit des Ribosoms zu binden. Das ist dann das Signal zur Translation (◘ Abb. 2.8).

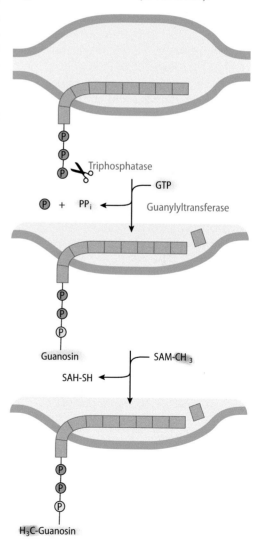

◘ **Abb. 2.8** Elongation der Translation. Die Anheftung der Methylguanosin-Cap schützt vor dem frühzeitigen Abbau und ermöglicht das Auswandern ins Zytosol

2

Eine eins zu eins abgeschriebene mRNA ist jedoch nicht translationsfähig.

❯ Sie muss noch gespleißt werden, das heißt, nichtcodierende Bereiche (Introns), die zwischen den protein-codierenden (Exons) liegen, müssen ausgestanzt werden.

Das erfolgt nach einem gesonderten Mechanismus.
- Am Übergang zwischen dem vorderen Exon und dem Intron kommt die 5'-Spleißstelle vor. Sie ist gekennzeichnet durch die Sequenz AGGU.
- Die 3'-Spleißstelle zum folgenden Exon ist pyrimidinreich und endet häufig auf AGG.
- Mittig befindet sich ein Adenin, dessen freie 2'-OH-Gruppe an die 5'-Spleißstelle greift.
- Die Phosphodiesterbindung wird gelöst und es entsteht eine Lasso-Struktur.
- Das nun lose endende vordere Exon greift die 3'-Spleißstelle an und löst das Intron endgültig heraus.

Der gesamte Vorgang bedarf keiner Energie, weil bei den Umesterungen keine verloren geht, aber eine führende Struktur braucht es trotzdem.

❯ Das Spleißosom besteht aus Protein und snRNA, man spricht auch von einem Ribozym, in diesem Fall einem snRNP („small nuclear Ribonucleoprotein").

Das Spleißosom hat die Aufgabe eines Führungsdrahts, entlang dem das Intron korrekt herausgeschnitten wird. Bei höheren Eukaryoten ist es aus verschiedensten Untereinheiten aufgebaut, deren Kenntnis für das Grundprinzip jedoch keine Rolle spielt.

Termination der Transkription

Sobald das Ende der zu transkribierenden Sequenz erreicht ist, löst sich zwar die mRNA von der DNA, sie erhält jedoch

noch einen **Poly-A-Schwanz**, der sie wie die Cap vor Abbau durch Nukleasen schützen soll. Mindestens 50 bis 200 Adenine werden nach der Signalsequenz AAU-AAA angehängt, sobald die RNA-Polymerase II Platz für die Polyadenylatpolymerase macht. Die exakte Interaktion der beteiligten regulatorischen und aktiv transkribierenden Enzyme und Proteine ist noch nicht bis ins Detail geklärt.

Nukleäre Exportsignale binden an die fertige mRNA und eskortieren sie bis zu den Kernporenkomplexen, wo sie von verschiedenen Bindungsproteinen empfangen werden. Im Zytosol werden sie von anderen Bindeproteinen entgegengenommen und an ihren Zielort verbracht. Liegt ein Mangel vor, wie z. B. ein zu kurzer Poly-A-Schwanz, wird die mRNA von Retentionsfaktoren am Ausschleusen aus dem Nukleus gehindert (◻ Abb. 2.9).

Muss ein Abbau eingeleitet werden, so findet dieser im Zytosol statt (◻ Abb. 2.10).
- Ribonukleasen (auch Nukleasen) lösen Stück für Stück den Poly-A-Schwanz ab, bis die mRNA schutzlos ist (1). Dann kann auch die Cap entfernt werden und die 5'-3'-Exonukleasen haben freien Zugang, die mRNA zu zerlegen.
- Es gibt auch Signale, die an der Cap binden können und zu deren direktem Abbau führen, wodurch der mühselige Abbau der Poly-A-Sequenz umgangen wird (2).
- Fällt eine mRNA erst während der Translation durch einen Kettenabbruch der Aminosäuresequenz auf, so kommt eine Endonuklease zum Einsatz, die genau an der defekten Stelle angreift (3). Die zwei Teile, einer mit Schwanz, einer mit Cap, werden von der 3'-5'- bzw. 5'-3'-Exonuklease zerlegt.

Transkription der Prokaryoten

Auch bei der Transkription unterscheiden sich die Bakterien und Archaeen von den Eukaryoten.

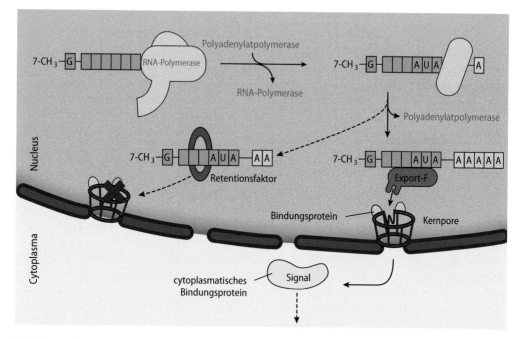

■ **Abb. 2.9** Termination der Translation. Vermittelt durch Exportsignale, kann die mRNA den Zellkern kontrolliert verlassen. Wird sie von Retentionsfaktoren gebunden, kann das Molekül die Kernporen nicht passieren

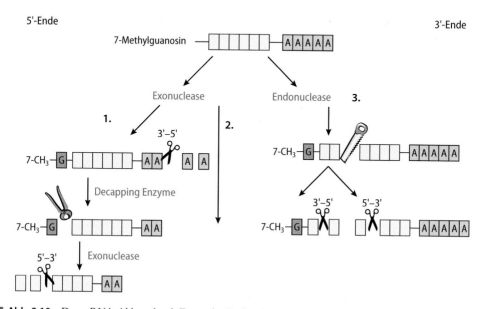

■ **Abb. 2.10** Der mRNA-Abbau durch Exo- oder Endonukleasen erfolgt im Zytosol

❯ Sie haben keine Introns, die herausgespleißt werden müssen, ihre Gene liegen einer nach dem anderen hintereinander.

Deswegen haben sie eine Transkriptionsmaschinerie, genannt **Operon** (am Beispiel des Lac-Operon). Diese besteht aus einem

2

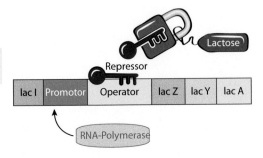

□ **Abb. 2.11** Aufbau eines Lac-Operons von Prokaryoten

regulatorischen Gen (lac I), einem **Promotor**, einem **Operator** und weiteren **lac (Z, Y,
A)**, die die eigentlichen proteincodierenden
Transkripte bilden. Die RNA-Polymerase
bindet an den Promotor und beginnt die
Transkription. Daran kann ein **Repressor-
protein** binden, das durch einen **Induktor**,
beispielsweise Laktose, daran gehindert werden kann.

❯ Die lac-Gene stehen für Enzyme, die
Lactose abbauen.

Daher stimuliert das Vorhandensein von
Laktose die Notwendigkeit der Enzyme und
ihres entsprechenden Gentranskripts. Diese
vereinfachte Darstellung der Genregulation
wird gerne als Modell genutzt. Außerdem
funktioniert die Antibiotikaresistenz man-
cher Bakterien mit dem gleichen Prinzip
und wird routinemäßig in der Gentechnik
ausgenutzt (□ Abb. 2.11).

Kontrolle der Transkription

Die Genexpression der Eukaryoten kann
auf verschiedenste Art und Weise gesteuert
werden. Die Histon-Modifikationen und
DNA-Methylierung sind nur zwei davon.
Homöobox-Gene (auch Hox-Gene) codieren für Proteine, die wieder andere Gene regulieren. Sie sind bei der Embryonalent-

wicklung, aber auch bei der regulären
Zellproliferation vonnöten.

❯ Auf direkterer Ebene, wenn auch noch
prätranskriptionell, arbeiten Enhancer
und Silencer. Sie haben lediglich eine
Länge von ca. 20 Basenpaaren, die meist
palindromische oder Tandemsequenzen
(immer wieder die gleiche Abfolge) beinhalten.

Die daran bindenden Transkriptionsfaktoren müssen alle eine **DNA-Bind-
ungsdomäne** sowie eine **Transaktivierungs-
domäne** besitzen und können zusätzliche
eine **Ligandenbindungsdomäne** haben. Die
Bindungsdomäne kann die Gestalt einer
Zinkfinger-Domäne, eines **Leucin-Zippers**
oder einer **Helix-turn-Helix** aufweisen.

— Die Zinkfinger bestehen aus α-Helices
und β-Faltblättern in länglicher Anordnung durch die Komplexierung sich
gegenüberliegender Cysteinyl- oder His-
tidylreste. Komplexbildner ist dabei das
namensgebende Zink. Sie können in der
großen Furche der DNA ansetzen.

— Leucin-Zipper haben die Fähigkeit, sich
zu Dimeren rechts und links der DNA
anzulagern, weil ihre Leucinreste zu
hydrophoben Wechselwirkungen neigen.

— Die Form der Helix-turn-Helix ist schon
im Namen beschrieben. Nur eine ihrer
Helices bindet an der DNA, die andere
bildet ein Dimer aus, wodurch eine zelt-
artige Struktur die DNA umgibt.

Sind die Transkriptionsfaktoren einmal an
ihrer spezifischen DNA-Bindungsstelle gebunden, hemmen oder unterstützen sie die
Transkription der betreffenden Gene. Klassische Liganden sind Steroidhormone, ins-
besondere Cortisol ist bezüglich seiner tran-
skriptionellen Wirkungen im Fokus der
(pharmakologischen) Forschung.

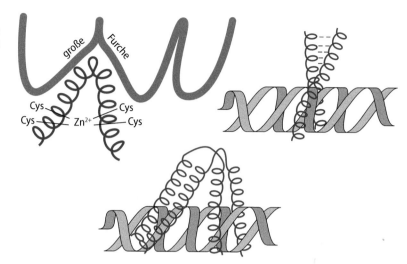

Abb. 2.12 Zink-finger, Leucin-Zipper und Helix-turn-Helix sind DNA-Bindungsdomänen der Transkriptions-faktoren

---

Denkstütze

Palindrome sind Folgen von (in diesem Fall) Basen, die sowohl in die eine wie auch in die andere Richtung gelesen gleich sind. „Otto" ist ein palindromi-scher Name. Bei der DNA ist es „AGG-CCT" und auf der komplementären Seite „TCC-GGA" (■ Abb. 2.12).

Noch während der Transkription (**cotran-skriptionell**) kann eine weitere Modifikation auftreten, das **alternative Spleißen**. Es verviel-facht die möglichen Produkte, die durch einen Genabschnitt synthetisiert werden können.

❯ Je nachdem, ob nicht nur Introns, son-dern auch bestimmte Exons bewusst mit ausgeschnitten werden, entstehen unter-schiedliche, wenn auch ähnliche Pro-teine.

So können gewebsspezifische Isoformen ge-bildet werden. Beispiele dafür sind die Laktatdehydrogenase oder das Tropomyo-sin. Auch die Immunglobuline entstehen durch alternatives Spleißen. Bei ihnen spricht man vom Klassenwechsel. Ein ini-tial ausgeschüttetes IgM kann z. B. durch

Stimulation der produzierenden Plasma-zelle zu IgG oder IgE geswitcht werden. Ist dieser Klassenwechsel allerdings einmal er-folgt, kann die Zelle nicht mehr dazu zurückkehren, IgM zu synthetisieren (■ Abb. 2.13).

Das **RNA-Editing** erfolgt an der fertigen mRNA, also **posttranskriptionell**. Eine einzelne eingefügte Base (**Insertion**) führt bereits zur Verschiebung des Leserasters. Was unkontrolliert zu einem Abbruch der Translation führt oder zu fehlerhaften Pro-teinen, kann kontrolliert zu modifizierten, verwandten Strukturen führen.

❯ Zwei weitere Möglichkeiten sind das A-zu-I- und das C-zu-U-Editing.

Beides katalysiert eine Desaminase. Wäh-rend sich Adenosin mit Thymidin/Uridin paart, verbindet sich Inosin mit Cytidin.

❯ Die Umwandlung von Cytidin zu Uracil kann zu einem Stopp-Codon (von CAA zu UAA, CAG zu UAG, CGA zu UGA) führen, wodurch ähnlich des Spleißens ein verkürztes Transkript gebildet wird.

Das bekannteste Beispiel ist das Apolipo-protein B100, das durch C-zu-U-Editing an Position 6.666 zu Apolipoprotein B48

2

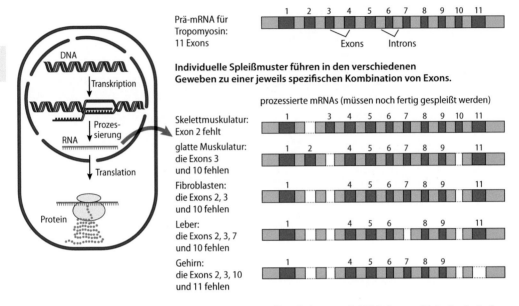

Abb. 2.13 Alternatives Spleißen ermöglicht es, aus einem Genabschnitt verschiedene Transkriptionsprodukte und schließlich Proteine zu erhalten. (Aus Sadava et al. 2006, Purves Biologie, 7. Auflage. Elsevier, mit freundlicher Genehmigung)

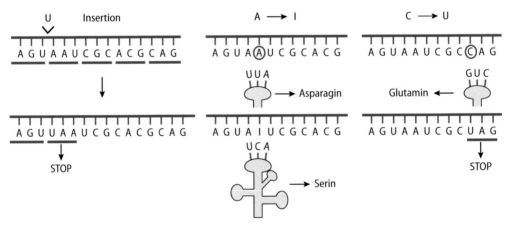

Abb. 2.14 Die drei Formen des RNA-Editings. *Links* Insertion, *mittig* A-zu-I- und *rechts* C-zu-U-Desaminierung

wird. Dieses hat andere Eigenschaften, die synthetisierenden Mukosazellen des Darms wollen nämlich einen Transport vom Darm in die Lymphe mittels Chylomikronen bewerkstelligen. Apo B100 hingegen kommt in allen anderen Transportvesikeln der Lipide vor. Man geht heute unter anderem davon aus, dass Erkrankungen wie Schizophrenie oder Autismus mit einer Dysregulation des RNA-Editings zusammenhängen könnten. Es sind bei Weitem noch nicht alle Stellschrauben der mRNA-Modifikationen im menschlichen Organismus entdeckt (■ Abb. 2.14).

Ein letzter regulatorischer Eingriff in die Transkription, der hier vorgestellt werden

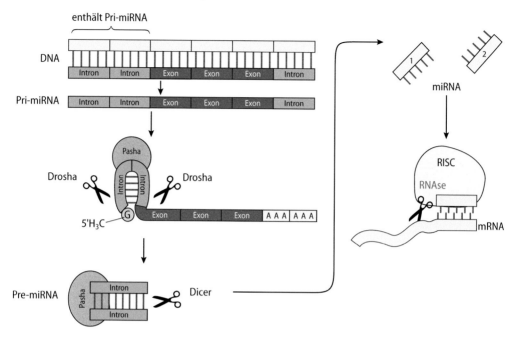

Abb. 2.15 RNA-Interferenz. Synthese und Funktion der miRNA

soll, ist die **RNA-Interferenz (RNAi)**, für deren Erforschung 2006 der Nobelpreis der Medizin verliehen wurde.

> Dabei handelt es sich um den gezielten Abbau von mRNA durch den RISC-Komplex (RNA-induced silencing complex).

Hier löst folglich eine andere RNA, die **miRNA**, den Abbau aus. Bei niederen Eukaryoten und Prokaryoten wird die Stilllegung (auch RNA-Silencing) durch die siRNA ausgeführt.

- Die miRNA liegt meist innerhalb von Introns in der pri-miRNA (primary micro RNA) vor, die transkribiert wird und sich in Schleifen zusammenlagert.
- Die Schleifen assoziieren zu **RNA-Doppelsträngen**, die durch das Bindeprotein Pasha fixiert und von den Ribonukleasen (RNAsen) Drosha und Dicer zu pre-miRNA und letztlich miRNA gespalten werden.

- Die kurzen Abschnitte werden in Einzelstränge zerlegt, von denen ein Teil in den RISC-Komplex eingebaut wird. Er fungiert als Bindeglied zur mRNA, die dann durch die RNAse-Aktivität der RISC stillgelegt werden kann (**Abb. 2.15**).

2.4.3 Translation

Sobald die Transkription beendet und die mRNA erfolgreich ausgeschleust wurde, muss die codierte Information in Proteine bzw. deren Aminosäuresequenz „übersetzt" werden. Dafür sind Tripletts der Basen verantwortlich. Auf der mRNA nennt man sie **Codon**, ihr Gegenstück der tRNA **Anticodon**. Die Tripletts und ihre jeweilige Bedeutung sind bei allen Lebewesen weitestgehend gleich, sie sind universell. Ein hilfreiches Tool, um den Code zu entschlüsseln, ist die **Code-Sonne**. Sie bezieht sich auf die mRNA-Codons. Beim Studium der Darstellung fällt auf, dass mehrere Tripletts für die gleiche Aminosäure codieren.

2

■ **Abb. 2.16**   Code-Sonne.
Die Entschlüsselung der
mRNA. Die tRNA ist
entsprechend immer genau
gegensätzlich

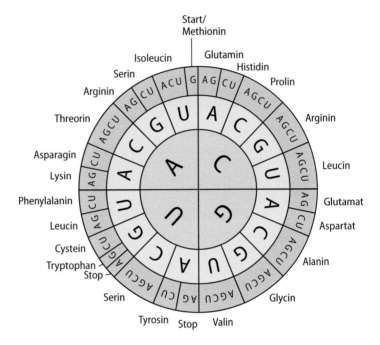

▶ Man spricht auch von der Degeneration
  des genetischen Codes.

Es ist eine Absicherung gegen Defekte. Bei
Fehlern innerhalb der mRNA muss es damit
nicht automatisch zu einer falschen Aminosäurekette kommen. Möglich ist das, weil
theoretisch 4^3 Kombinationen zur Verfügung stünden.

▶ Davon werden nur drei als Stopp-Signal
  und ein einziges als Start-Signal genutzt.

Zwei Aminosäuren haben keinen klassi-
schen Code. Sie sind darauf angewiesen,
dass die mRNA zusätzlich eine bestimmte
Form annimmt, damit die Information entsprechend gelesen wird.

▶ So kann die cotranslationale Modifikation von Serin zu Selenocystein nur
  erfolgen, wenn das Stopp-Codon UGA
  in einer Schleife vorliegt. Methionin teilt
  sich das Triplett mit dem Start-Codon
  AUG.

Es ist somit die erste Aminosäure einer jeden
Sequenz, wird aber zumeist im Verlauf wieder abgespalten. Kommt es innerhalb der
Sequenz vor, wird es schlicht als Methionin
gelesen (■ Abb. 2.16).

Initiation der Translation

Damit die mRNA überhaupt abgelesen und
die Primärstruktur des Proteins synthetisiert
werden kann, muss das Ribosom aktiviert
werden.

▶ Dazu bindet ein ternärer Komplex
  au eukaryotischen Initiationsfaktoren
  (eIFs) an die kleine ribosomale Untereinheit.

— eIF-2 bindet mit GTP auch die Start-
  Aminoacyl-tRNA beladen mit Methionin daran, sodass der 43S-Präinitiations-
  komplex entsteht.
— Die mRNA wird von eIF-4 erkannt und
  gebunden, der sie dann zum Präinitiationskomplex befördert. Eine Besonderheit der eukaryotischen Zellen ist,
  dass ein Poly-A-Bindeprotein den

Schwanz der mRNA kreisförmig um das Ribosom an eIF4 fixiert.

- Der gebildete 48S-Präinitiationskomplex beginnt mit der ersten Übersetzung; Start-tRNA und Start-Codon der mRNA finden zueinander. Dabei wird GDP hydrolysiert und eIF-2 abgelöst.
- Es wird zügig regeneriert, um für die nächste Initiation zur Verfügung zu stehen. Ersetzt wird eIF-2 durch eIF-5, ebenfalls mit GTP, welches die Verbindung der beiden ribosomalen Untereinheiten einleitet.
- Danach wird es wieder hydrolytisch abgespalten und die Synthese der Aminosäurekette kann beginnen.

Elongation der Translation

❯ Eine mRNA wird zeitgleich von mehreren Ribosomen angegriffen und abgelesen.

Diese Proteinsynthesezentren werden als **Polysomen** zusammengefasst. Die eukaryotischen Elongationsfaktoren (eEFs) steuern den Ablauf.

❯ Die drei Bindungsstellen A, P und E haben sich aus beiden Untereinheiten zusammengefügt. Die Start-tRNA ist bereits in der P-Stelle fixiert.

- An der A-Stelle wird die nächste beladene tRNA mittels eEF-1 und GTP gebunden. Passt das Anticodon zum Codon der mRNA, welches in 5'- nach 3'-Richtung abgelesen wird, so kommt es zu einer Interaktion.
- Das eEF-2 wird mit GTP hydrolysiert und sorgt dabei für eine Konformationsänderung des Ribosoms. P- und A-Stelle kommen so dicht zueinander – sie werden akkommodiert –, dass eine **Peptidbindung** durch die 28S-rRNA katalysiert werden kann. Der genaue Ablauf der Peptidyltransferase-Reaktion ist bis

heute nicht abschließend geklärt. Man vermutet eine Beteiligung eines Protons aus der rRNA.

❯ Sicher ist, dass ein nukleophiler Angriff der α-Aminogruppe der Aminoacyl-tRNA auf die Carboxylgruppe des Methionins die planare, bindungsstarke, partielle Doppelbindung erzeugt (▶ Abschn. 2.4.4).

- eEF-2 erleichtert mit GTP die Verschiebung der leeren tRNA von der P- auf die E-Stelle und die nun zwei Aminosäuren lange Kette von der A- auf die P-Stelle. GTP wird dabei zu GDP hydrolysiert und das Ribosom geht wieder in seine Ausgangskonformation über.
- Sobald eine neue beladene tRNA in der A-Stelle bindet, wird die leere tRNA aus der E-Stelle freigesetzt. Dieser Ablauf erfolgt nun so oft, bis das Stopp-Codon erreicht wird.

Termination der Translation

Taucht eines der drei Stopp-Codons in der A-Stelle auf, so löst es eine Bindung von eukaryotischen Terminationsfaktoren aus (eRF, für „release").

- eRF-1 hat eine tRNA-ähnliche Struktur und führt damit zur gleichen Konformationsänderung wie eine passende tRNA. Damit kommt sie in die Nähe der P-Stelle mit der Aminosäurekette.

❯ Die letzten drei Aminosäuren sind bei intakter mRNA zwei Glycin gefolgt von einem Glutamin.

- Wird zusätzlich eRF-3 mit einem GTP gebunden, so kann unter dessen Hydrolyse die Bindung zwischen tRNA und der Peptidkette gelöst werden.
- Das ist der Impuls für das Ribosom, wieder in seine Untereinheiten zu zerfallen und mRNA sowie die leere tRNA in der P-Stelle abzulösen.

2.4.4 Proteinfaltung

❯ Die synthetisierten Peptidbindungen sind Säureamidbindungen, also zwischen einer Carbonsäure und einer Aminogruppe ausgebildet.

Sie sind planar, weil nicht nur die direkt verbundenen Kohlenstoff- (C) und Stickstoffatome (N) daran beteiligt sind. Das angrenzende Sauerstoffatom (O) als Ketogruppe und das Wasserstoffatom (H) des Stickstoffs sind ebenso miteinbezogen. Grund dafür ist, dass zwischen N und C eigentlich eine Doppelbindung entstehen würde, das angrenzende O jedoch seine eigene Doppelbindung nicht aufgeben will. Es ist stark elektronegativ und versucht entsprechend, das H in die Ebene zu ziehen, damit die Doppelbindung von N und C nicht entsteht. Das N ist jedoch minimal stärker in seiner Elektronegativität. Eine Art Tauziehen der Elektronen zwischen N und O bildet sich aus, die eine Drehung um die Achse unmöglich macht (◻ Abb. 2.17).

◻ **Abb. 2.17**   Mesomerie der Peptidbindung

△ Seitenkette, aminosäurespezifischer Rest

◻ **Abb. 2.18**   Das Rückgrat der Primärstruktur von Proteinen setzt sich aus den Peptidbindungen zusammen. Die „Leserichtung" geht von der Aminosäure mit der Aminogruppe aus

Denkstütze

Die Elektronegativität beschreibt die Kraft, mit der ein Atom Elektronen an sich binden kann. Sie wird von mehreren Faktoren beeinflusst, unter anderem der Kernladung und dem Radius. Je unterschiedlicher die Elektronegativitäten zwischen zwei Bindungspartnern sind, desto stärker ist ihre Bindung.

Beschrieben wird dieses Phänomen mit **Mesomeren** der Bindungsverhältnisse.

❯ Da nie eine richtige Doppelbindung zwischen den Bindungspartnern zustande kommt, es jedoch eine deutlich stärkere Bindung als bei Einfachbindungen ist, entwickelt sich eine partielle Doppelbindung (ca. 1,33 nm).

Sie ist kürzer als eine Einfach- (0,147 nm), aber länger als eine Doppelbindung (0,120 nm). Die restlichen Bindungen der Aminosäuren sind frei drehbar. Dadurch lässt sich das Rückgrat der Peptidkette mit folgender Abfolge beschreiben: N-C-C-N-C-C-N-C-C-N-C-C. Vom zweiten C-Atom geht dann die Seitenkette der jeweiligen Aminosäure ab (◻ Abb. 2.18).

❯ Die Sekundärstruktur der Proteine entsteht durch die Interaktion der Wasserstoffe nahe der Peptidbindung. Es gibt α-Helices, β-Faltblätter oder β-Loops.

Während bei der α-Helix und dem β-Loop die Wasserstoffbrückenbindungen zwischen ein und derselben Aminosäuresequenz ausgebildet werden, sind β-Faltblätter bei parallel bzw. antiparallel verlaufenden Aminosäureketten vorzufinden. Grundlage ist immer, dass das Elektron des Wasserstoffs verstärkt vom Stickstoff in die Peptidbindung hineingezogen wird. Der Wasser-

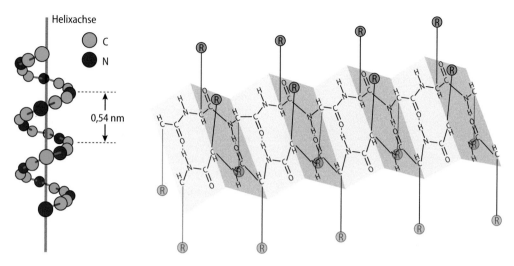

Abb. 2.19 Die Sekundärstrukturen α-Helix und β-Faltblatt kommen nur durch Wasserstoffbrücken zustande. (Windisch 2017, Survivalkit Biochemie. Elsevier , mit freundlicher Genehmigung)

stoff ist so stark positiviert, dass er sich Elektronen eines anderen Atoms annähert, in diesem Falle dem Sauerstoffatom der Carbonylgruppe. Diese Art Bindung ist nicht stark und kann leicht aufgehoben werden, bildet aber die Grundlage aller weiteren strukturellen Ausbildungen.

Die α-Helix kann nun also im Abstand von drei Aminosäuren eine solche Wasserstoffbrückenbindung ausbilden, was zu einer 360°-Drehung der Aminosäuresequenz um seine eigene Achse führt. Die β-Loops haben im Abstand von vier Aminosäuren eine Wasserstoffbrückenbindung, die die klassische Schleife bzw. Haarnadelstruktur stabilisiert. Somit ermöglichen sie eine Verbindung von β-Faltblättern oder α-Helices in kompakter Form. Ein geringer Anteil der Proteine kann keiner dieser geordneten Formen zugeordnet werden, man spricht dann von „random coils". Sie funktionieren ebenfalls zumeist als Verknüpfungsstellen (■ Abb. 2.19).

Die **Tertiärstruktur** wird gebildet durch andere Bindungsformen wie Van-der-Waals-Kräfte, Disulfidbrücken, Ionenbindungen und hydrophobe Wechselwirkungen. Diese so gebildeten Domänen haben meist bereits eine eigene Funktion oder zumindest eine Teilfunktion für das Gesamtprotein.

Das finale Protein hat oft mehrere Domänen.

❯ Die Zusammensetzung aus diversen, meist sogar unterschiedlichen Untereinheiten zu einem großen Protein ist die Quartärstruktur.

Das klassische Beispiel hierfür ist Hämoglobin (Hb). Je nachdem, ob fetales Hb ($\alpha_2\gamma_2$), adultes Hb ($\alpha_2\beta_2$) oder nichtphysiologische Formen der Thalassämie (instabile Strukturen mit γ oder δ statt der defekten Kette) vorliegen, variiert der Aufbau. Abgebildet ist folgend die Aspartat-Transcarbamoylase, die bei der Synthese der Pyrimidine (▶ Abschn. 1.3.3) erwähnt wurde. Sie besteht aus 12 Untereinheiten, von denen zwei Trimere und drei Dimere mit unterschiedlichen Funktionen sind. Sie beherbergt auch ein Zink-Ion, das keine katalytische oder regulatorische Funktion hat, jedoch für die Gesamtfunktion des Enzyms unverzichtbar ist (■ Abb. 2.20).

2

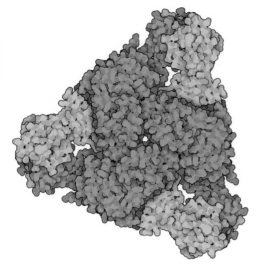

◨ **Abb. 2.20** Die Aspartat-Transcarbamoylase in ihrer Quartärstruktur (PDB: 5at1)

Die richtige Faltung der Proteine nach erfolgreichem Bau ihrer Primärstruktur durch das Ribosom ist bis heute nicht im Labor nachahmbar. Man geht von einem Mechanismus aus, der es ermöglicht, dass nicht alle Faltungsoptionen unkontrolliert ausprobiert werden müssen, denn das würde zu lange dauern. Die Kette beginnt sich energetisch günstig zu falten, vorgegeben von einer Art Trichter der freien Enthalpie. Sobald es energetisch nicht mehr passt, also nicht die günstigste Form angenommen wurde, wird es von den **Chaperonen** wieder entfaltet. Chaperon heißt aus dem Englischen übersetzt so viel wie Anstandsdame. Das beschreibt ihre Funktion. Sie erleichtern es den halbgaren Proteinen, sich richtig zu falten. Die meisten von ihnen sind

sogenannte Hitzeschockproteine (HSP). In dem Trichter gibt es nichtsdestotrotz Zwischenprodukte, die nicht optimal eine niedrigere Enthalpie als ihre Vorform und zugleich eine höhere als ihre Folgeform haben. Es muss ein klein wenig Energie hinzugegeben werden, damit die Intermediate aus dieser ungünstigen Position befreit werden.

Man kann sich das Ganze wie ein trichterförmiges Fischernetz vorstellen, dessen sehr spitz zulaufendes Ende trotzdem offen ist. Das Netz ist nicht neu, es hat ein paar Beulen und Ausbuchtungen an seiner Wand. Ein Aal (nehmen wir ihn, weil er so glatt ist), könnte, selbst wenn er gefangen würde, noch immer erfolgreich durch das Netz heil zurück in die Freiheit schwimmen. Dafür darf er aber nicht in einer der Ausbuchtungen hängen bleiben. Passiert es doch, muss er darauf hoffen, dass andere Meerestiere mit hineinfallen, sodass er wieder hinauskommt und sich entlang des Netzes zum offenen Ende hinschlängeln kann.

2.4.5 Proteinabbau

Ist ein Protein unrettbar falsch gefaltet, so wird es dem **Proteasom** zugeführt, welches es wieder in seine einzelnen Aminosäuren zerlegt. Das Proteasom trägt wieder im Namen, dass es ein abgegrenzter Bereich ähnlich eines Organells sein wird. Anders als dieses hat es jedoch keine Membran.

❯ Es ist ein Multiproteinkomplex mit katalytischer Aktivität im Inneren.

Gerne wird der Vergleich mit einem Kochtopf gewählt, bei dem der Deckel geöffnet und Zutaten (das zu zerlegende Protein) hineingeworfen werden können. Dieser Kochtopf beginnt dann zu „köcheln", bis die verschiedenen enzymatischen Reaktionen die Aminosäurekette zerteilt haben. Die Vorstellung passt insofern auch gut, weil Hitze Proteinstrukturen auch abbaut. Diese Denaturierung zersetzt allerdings nur Quartär-, Tertiär- und Sekundärstrukturen (◨ Abb. 2.21).

Ubiquitinierung

Damit die Proteasomen wissen, welche Proteine sie aufnehmen dürfen, müssen diese erst ubiquitiniert werden.

❯ Ubiquitin ist ein Markerprotein.

Seine Anheftung an die Proteine erfolgt durch das ERAD(ER-associated degradation)-System, welches auch die Ausschleusung aus dem ER ins Zytosol, wo sich die Proteasomen befinden, ermöglicht. Meist wird nicht nur ein, sondern mehrere Ubiquitinmoleküle angehängt, weswegen man von **Polyubiquitinierung** spricht. Beim Abbau des markierten Proteins wird das Ubiquitin unversehrt abgespalten, sodass es wiederverwendet werden kann. Drei Enzyme sind an dem Prozess der Ubiquitinie-

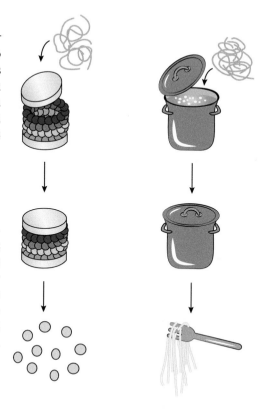

◨ **Abb. 2.21** Proteasomaler Abbau. Die Proteine werden entfaltet und in ihre einzelnen Aminosäuren zersetzt

rung beteiligt: E1, E2 und E3. Nur E3 vermittelt die tatsächliche Bindung an das abzubauende Protein.

– E1 wird unter ATP-Verbrauch an die Carboxylgruppe eines terminalen Glycins verestert, es ist das Ubiquitin aktivierende Enzym.
– Abgelöst wird der Ester durch das Ubiquitin konjugierende Enzym E2.
– Dieses wiederum wird im letzten Schritt abgespalten, sobald die Ubiquitinligase E3 eine Peptidbindung mit der ε-Aminogruppe eines Lysylrestes ausgebildet hat. Da es sich um keine klassische Peptidbindung handelt, beschreibt man sie als Isopeptidbindung.

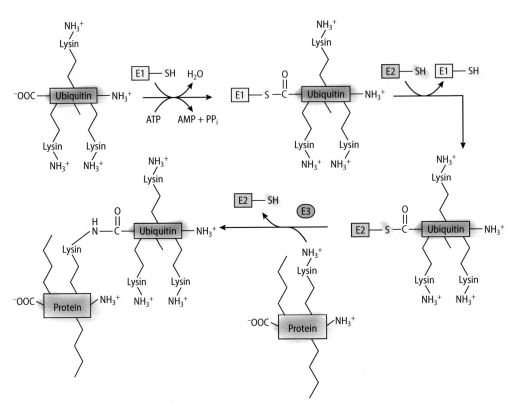

■ **Abb. 2.22** Ubiquitinierung von Proteinen markiert sie für weitere Prozesse, i. d. R. um abgebaut zu werden

❯ Voraussetzung zur Ubiquitinierung ist folglich das Vorhandensein eines Lysins innerhalb des abzubauenden Proteins.

Das Ubiquitin selbst besitzt ebenfalls mehrere Lysinreste unter seinen 76 Aminosäuren, sodass daran auf gleichem Wege weiteres Ubiquitin angehängt werden kann (■ Abb. 2.22).

Enzyme

Inhaltsverzeichnis

© Springer-Verlag GmbH Deutschland, ein Teil von Springer Nature 2021
F. Harmjanz, *Biochemie - Zelle, Enzyme, Praktische Biochemie*,
https://doi.org/10.1007/978-3-662-60270-6_3

3

Die Macher des Körpers, genannt Enzyme, sind ganz besondere Proteine oder RNAs. Sie katalysieren Reaktionen, die Reaktionspartner 1 dazu verhelfen, mit Reaktionspartner 2 zu interagieren. Dazu haben sie einen Abschnitt, der eine katalytische Aktivität innehat.

> Katalyse bedeutet, dass die äußeren Bedingungen optimiert werden, sodass die Reaktion von allein abläuft und die Geschwindigkeit sogar deutlich erhöht wird. Der Katalysator selbst durchläuft keine Umwandlung.

Das wohl schnellste menschliche Enzym ist die Carboanhydrase mit 10^6 umgesetzten CO$_2$/s. Ohne das Enzym würde nur alle 5 s ein neues HCO$_3^-$ gebildet, viel zu langsam für den Ablauf der inneren und äußeren Atmung.

Die **Spezifität** der Enzyme ist ein wichtiges Merkmal. Meist können sie nur ein ganz bestimmtes Substrat umsetzen, das sie an der speziellen Form oder einer (bei Proteinen) bestimmten Aminosäuresequenz erkennen. Die meisten von ihnen benötigen Cofaktoren, welche in aller Vielfalt vorkommen können. Allein fehlt den Enzymen oft etwas, z. B. eine reaktive Gruppe, die essenziell für den Übergangszustand ist. Die meisten Vitamine sind Cofaktoren oder zumindest Bestandteile davon, was ihre hohe Relevanz begründet (▢ Abb. 3.1).

▢ **Abb. 3.1**   tRNA-Synthetasen von verschiedenen Aminosäuren. Die tRNA*(rot)* hat immer denselben Aufbau, während das Enzym *(grün, blau, lila)* spezifisch für sein Substrat geformt ist. (PDB IDs 1ffy, 1gax, 1euq, 1eiy, 1qf6)

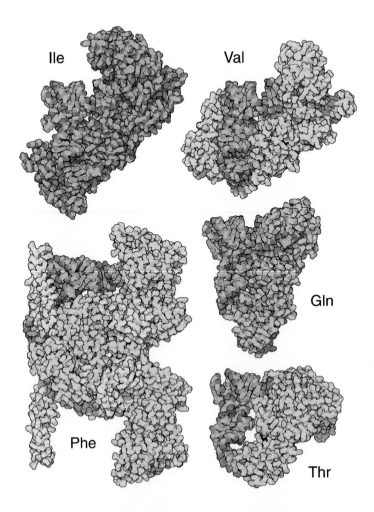

3.1 Systematik

Die Benennung der Enzyme ist im Allgemeinen sehr logisch. Meist ist es eine Mischung aus den beteiligten Substraten und der Art und Weise der jeweiligen Reaktion.

❯ Diese sind in sieben Klassen eingeteilt, die schon im Namen tragen, was die entsprechenden Enzyme bewirken.

Alle Enzyme lassen sich einer dieser Klassen zuordnen. Multienzymkomplexe bestehen oft aus einer Kombination von ihnen. Kennt man die Klasse, kann man sich weitestgehend selbst herleiten, welche Cofaktoren oder Reaktionspartner benötigt werden. International sind die Enzyme noch genauer organisiert. In der Enzyme Classification (EC) des Nomenclature Committee of the International Union of Biochemistry and Molecular Biology folgt auf die übergeordnete Klasse eine generelle Beschreibung der Reaktion (◨ Tab. 3.1):

Die 7. Klasse der Translokasen wurde erst im August 2018 als solche anerkannt. Dies zeigt, dass bis zum heutigen Tag ein steter Wandel in der Biochemie stattfindet. Oft hat es mit tiefergehenden Erkenntnissen oder neu entdeckten Mechanismen zu tun, dass ein neuer Konsens gefunden werden muss. Die Subklassen 97 bis 99 beschreiben

Einstufungen, die früher erfolgten, heute aber ungültig sind, oder all jene Enzyme, die keiner der anderen Subklassen zugeordnet werden können. Letztere sind eine Art Sammlung nicht näher kategorisierbarer Enzyme, die das Wort „Miscellaneous", was so viel wie „Vermischtes" bedeutet, ganz gut beschreibt. Weiter werden noch einmal Subsubklassen bezeichnet und zuletzt folgt die Nummerierung des einzelnen Enzyms. Das bedeutet, dass jedem Enzym eine Codierung aus vier Zahlen zugeordnet werden kann. Die Codierung EC x.xx.xx.xx für die HMG-CoA-Reduktase wäre beispielsweise EC 1.1.1.34. Schon das Aufzählen und Beschreiben von allen Subklassen könnte mehrere Kapitel füllen. Es reicht jedoch aus, die grundlegenden Reaktionsmechanismen zu verstehen, auf die im Folgenden eingegangen wird, weswegen kein Anspruch auf Vollständigkeit besteht.

Zu bedenken ist, dass nicht alle in der Klassifikation eingeteilten Enzyme auch beim Menschen vorkommen. Es eint alle Enzyme, die je in Organismen gefunden wurden.

3.1.1 Oxidoreduktasen

Zur ersten Klasse der Enzyme gehören die Oxidasen, Oxygenasen, Reduktasen, Hydroxylasen und Dehydrogenasen. Katalyse einer Oxidation direkt gefolgt von einer Reduk-

◨ **Tab. 3.1** Enzymklassen

Klassenname	EC	Reaktion	Subklasse
Oxidoreduktase	1.	Donor oder Akzeptor, der beteiligt ist	1.–23. und 97.–99.
Transferase	2.	Funktionelle Gruppe, die übertragen wird	1.–10.
Hydrolase	3.	Art der Bindung, die entsteht	1.–13.
Lyase	4.	Art der Bindung, die gelöst wird	1.–7. und 99.
Isomerase	5.	Art der Umformung, die das Molekül erlebt	1.–6. und 99.
Ligase	6.	Art der Bindung, die entsteht	1.–6.
Translokase	7.	Funktionelle Gruppe, die bewegt wird	1.–6.

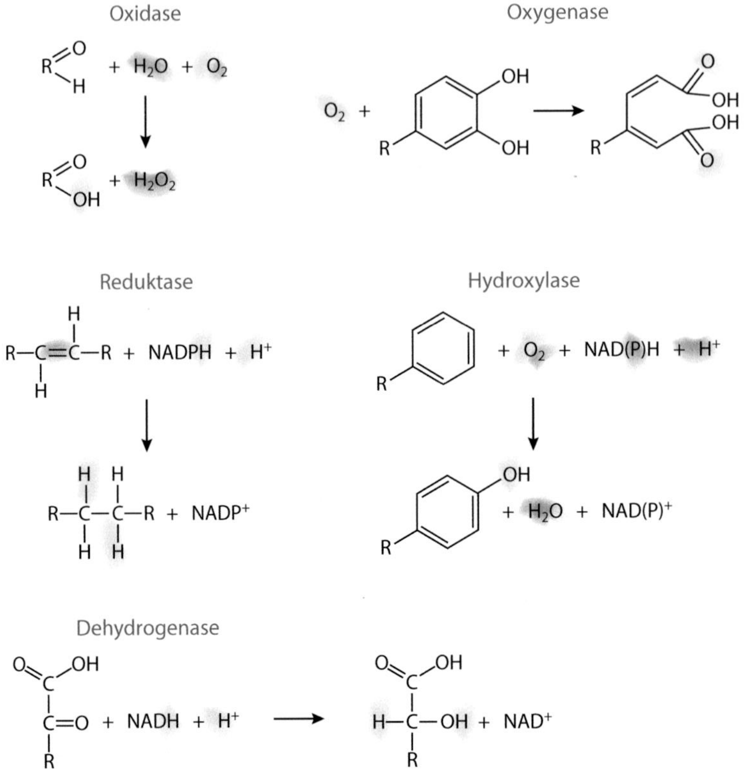

3

Oxidase

$$R{-}\overset{O}{\underset{H}{\diagup}} + H_2O + O_2$$

$$R{-}\overset{O}{\underset{OH}{\diagup}} + H_2O_2$$

Oxygenase

Reduktase

$$R{-}C{\equiv}C{-}R + NADPH + H^+$$

$$R{-}\overset{H\ H}{\underset{H\ H}{C{-}C}}{-}R + NADP^+$$

Hydroxylase

$$+ O_2 + NAD(P)H + H^+$$

$$+ H_2O + NAD(P)^+$$

Dehydrogenase

$$C{=}O + NADH + H^+ \longrightarrow H{-}C{-}OH + NAD^+$$

Abb. 3.2 Die fünf Klassiker der Oxidoreduktasen

tion oder umgekehrt, wird durch die Oxidoreduktasen bewerkstelligt (Abb. 3.2).

— **Oxidasen** oxidieren das Substrat (z. B. Aldehydgruppe) meist unter Verwendung molekularen Sauerstoffs und bilden Wasser oder Wasserstoffperoxid.

— **Oxygenasen** kommen als Mono- oder Dioxygenasen vor und übertragen ein oder beide Sauerstoffatome des O_2 auf das jeweilige Substrat. Sie kommen häufig beim Metabolismus von Aminosäuren vor, z. B. bei der Eigensynthese des Vitamin B_3 (Band Energiestoffwechsel, Abschn. 6.2.3) oder den Stoffwechseln der biogenen Amine.

— **Reduktasen** geben die Protonen an das Substrat selbst ab und nehmen sie erst in einer Folgereaktion anderweitig auf, z. B. von NADPH + H^+ oder Cytochromen (Band Energiestoffwechsel, Abschn. 5.1.3).

— Die **Hydroxylasen** fügen unter Sauerstoffverbrauch eine Hydroxygruppe in das Molekül ein. Das überschüssige Sauerstoffatom muss mithilfe eines Protonendonors wie NAD(P)H + H^+, Tetrahydrobiopterin (BH_4) oder Ascorbinsäure (Band Energiestoffwechsel, Abschn. 6.2.9) zu Wasser gebunden werden. Ein ganz besonderes Enzym dieser Gruppe ist die Phenylalanin-Hydroxylase, die in ihrem Kern ein Nicht-Häm-Eisenatom trägt. Dieses scheint eine wichtige Rolle bei der Stabilisierung des BH_4 zu spielen. Das Enzym hat einen hohen

Stellenwert aufgrund seiner seltenen, wenn auch berühmten Pathogenese, der Phenylketonurie (Band Energiestoffwechsel, Abschn. 3.4.1). Dabei kommt es durch einen Defekt oder Mangel zu einer Anreicherung seines Substrats Phenylalanin. Ohne Behandlung führt es schon im frühsten Kindesalter zu fortschreitenden neurologischen Defiziten.

— **Dehydrogenasen** sind aus dem Energiestoffwechsel bekannt. Sie brauchen $NAD(P)H + H^+$ oder $FADH_2$ als Protonendonor. Auch in den Multienzymkomplexen der Pyruvat- oder α-Ketoglutarat-Dehydrogenase sind sie verankert, dann jedoch mit anderen Cofaktoren. Diese erweitern die oxidative Reaktion z. B. um eine Decarboxylierung.

3.1.2 Transferasen

Die Übertragung von kompletten funktionellen Gruppen wie Phosphat-, Nitrat-, Acyl- oder Ketogruppen wird durch die Transferasen ermöglicht. Es gibt eine unglaubliche Vielzahl an möglichen Reaktionen, deswegen sollen nur die Aminotransferasen, Kinasen und Glykosyltransferasen als Beispiel dienen (◘ Abb. 3.3).

— Im Aminosäurestoffwechsel kann ein Abbau zu Acetyl-CoA oder anderen Substraten des Citratzyklus kaum erfolgen, wenn nicht die bezeichnende Aminogruppe abgespalten werden kann. Da es für den menschlichen Organismus jedoch schädlich wäre, viel freie Ammoniumionen im Gewebe zu haben, muss

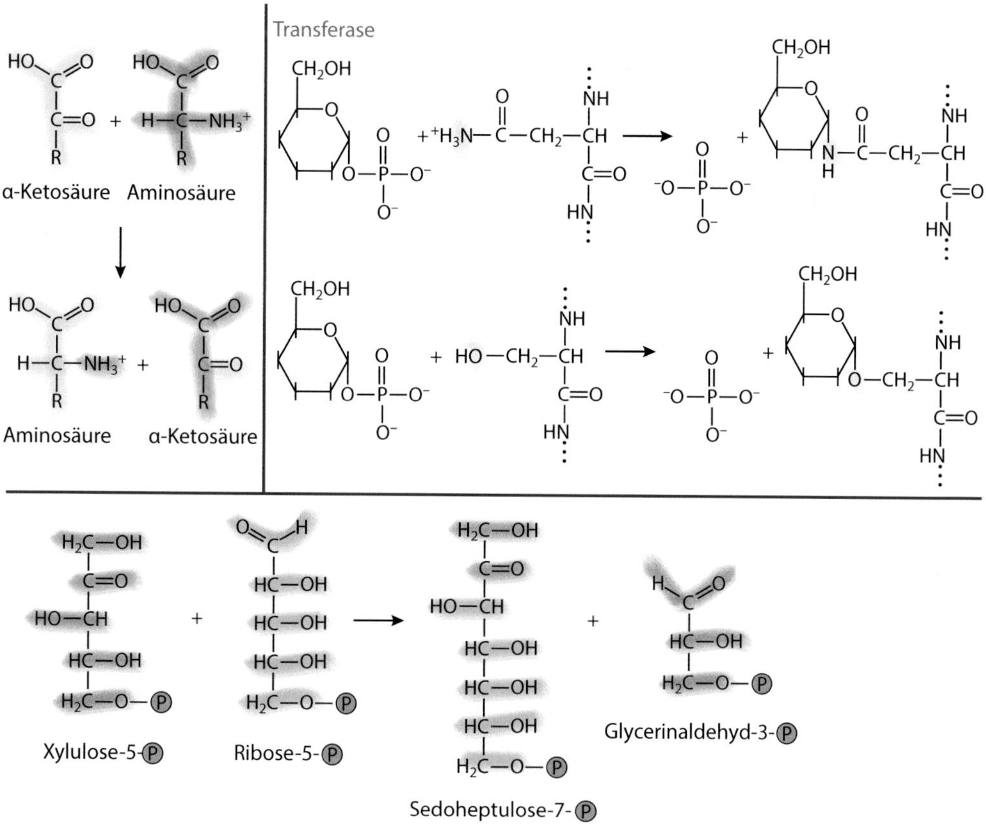

◘ **Abb. 3.3** Transferasen von Amino- und Ketogruppen, Monosaccharideinheiten oder Kohlenstoffgerüsten

3

dieses auf andere Moleküle übertragen werden. Aufnehmen kann dann die Glutaminsäure, die zu Glutamin amidiert wird, oder ein Kohlenstoffgerüst mit einer Ketogruppe wie dem Pyruvat, welches zu Alanin amidiert wird. Dafür verlieren die Reaktionspartner ihre Ketogruppe. Die **Aminotransferasen** sind darauf angewiesen, **Pyridoxalphosphat** (Band Energiestoffwechsel, Abschn. 6.2.5) als Cofaktor zu nutzen, denn es ermöglicht dem Enzym, die Aminogruppe kurz zwischenzuparken.

— Die **Kinasen** scheinen „einfach" eine Phosphatgruppe auf ein bestimmtes Molekül zu laden, sie lag jedoch zuvor an ATP gebunden vor. Es findet also eine Übergabe des Phosphatrests von ATP auf ein Molekül oder umgekehrt statt.

— Die **Glykosyltransferasen** übertragen zuvor aktivierte Einfachzucker (Monosaccharide) auf andere Moleküle, beispielsweise als Blutgruppenmarker. Diese Übertragung erfolgt immer posttranslational im endoplasmatischen Retikulum oder im Golgi-Apparat. Eine Sonderstellung hat die Glykogenphosphorylase, die ebenfalls zu den Glykosyltransferasen gehört. Sie befreit einzelne Monosaccharide aus den Glykogenketten unter Anhang eines freien Phosphats, sodass Glucose-1-phosphat entsteht.

Fallstrick

Transfers finden per se bei allen enzymatischen Reaktionen außer den Isomerisierungen statt. Gemeint sind bei den Transferasen jedoch nicht einzelne Atome oder Protonen, sondern funktionelle Gruppen, die nicht nur abgespalten, sondern folglich auch direkt wieder an ein anderes Molekül angebunden werden.

3.1.3 Hydrolasen

Bei der Spaltung von C-C-, Ester-, Ether-, Glykosid-, Peptid-, Säureanhydrid- und allen möglichen weiteren Bindungen kommen die Hydrolasen zum Einsatz. Sie verwenden Wasser, um die Bindung zu lösen und die freien Elektronenpaare wieder zu besetzen. Peptidbindungen werden schon im Magen-Darm-Trakt durch die verschiedenen Peptidasen gespalten. Diese können dabei jedoch nur spezifisch nach bestimmten Aminosäuren (Chymotrypsin, Trypsin) oder an einem bestimmten Ende der Aminosäurekette (Carboxypeptidase) eingreifen. Die Ribonukleasen (DNAsen und RNAsen), die bereits in der Sektion Zellzyklus (▶ Kap. 2) immer wieder Erwähnung fanden, gehören genauso dazu wie die Lipasen (◘ Abb. 3.4).

3.1.4 Lyasen

Wenn ein Enzym eine Bindung spaltet oder eine neue schmiedet, ohne dabei Wasser zu verwenden, so gehört es zu den Lyasen (◘ Abb. 3.5).

❯ Die Neubildung von Bindungen wird durch Synthasen ohne ATP-Verbrauch erzeugt.

Auch die Cyclasen bilden durch eine neue Bindung innerhalb des Moleküls aus einem strangförmigen Molekül ein ringförmiges. Die Aldolasen sind vor allem aus den Schlüsselreaktionen der Glykolyse bekannt

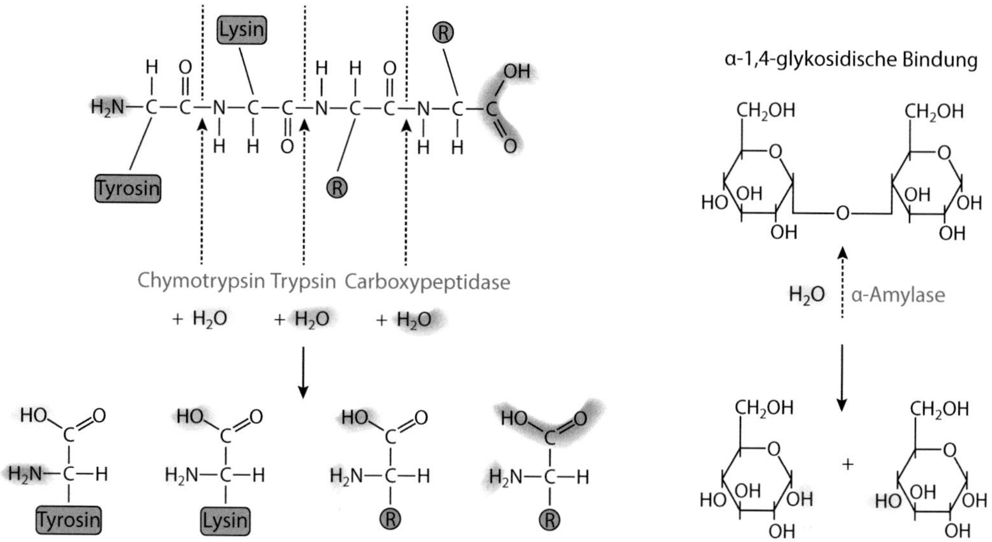

Abb. 3.4 Verschiedene Hydrolasen. Gemeinsamkeit aller ist das Einfügen von Wasser

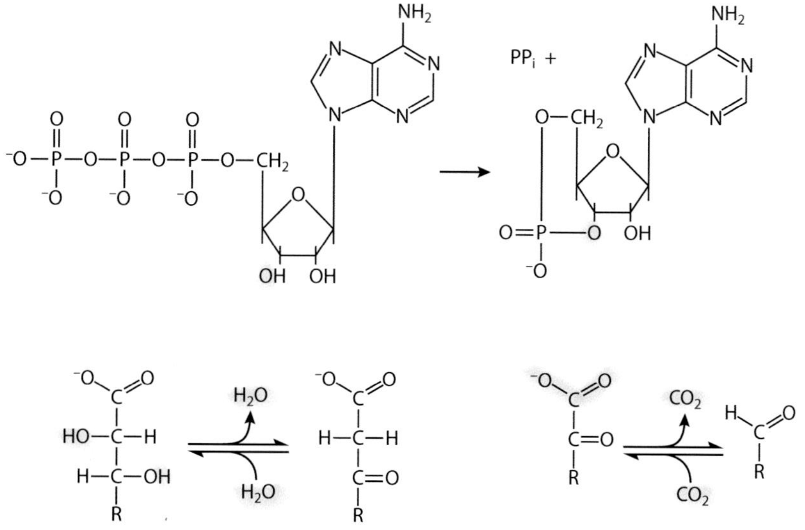

Abb. 3.5 Adenylatcyclyasen, (De-)Carboxylasen und (De-)Hydratasen sind nur einige der Lyasen

(Band Energiestoffwechsel, Abschn. 1.2.1). Die Hydratasen und Dehydratasen fügen zwar Wasser ein oder spalten es heraus, es ist jedoch nicht wie bei anderen Klassen eine Art Cofaktor, sondern dient als Substrat. Carboxylasen und Decarboxylasen sind genauso Gegenspieler, die zu den Lyasen zählen können. Die Acetylcholinesterase ist bekannt durch ihre entscheidende Funktion im Rahmen der Transmitterwirkung von Acetylcholin, dem universellsten aller Neurotransmitter.

3.1.5 Isomerasen

❯ Epimerasen, Isomerasen, Mutasen, Racemasen und Topoisomerasen bewirken eine Änderung der Anordnung der Atome eines Moleküls (◘ Abb. 3.6).

Es wird kein einziges Atom oder Proton abgespalten oder angefügt. Die Unterschiede der Isomerisierungsreaktionen sind minimal.

❯ Epimerasen verändern ein Stereozentrum in einem Molekül mit mehreren Stereozentren.

❯ Racemasen agieren an dem einzigen Stereozentrum eines Moleküls.

— Anders arbeiten **Mutasen** und **Topoisomerasen**. Die Ersteren versetzen ganze funktionelle Gruppen innerhalb des Moleküls während Letztere einen der Stränge der DNA spalten, um ihn zu entwinden und wieder zusammenfügen. Dadurch löst sich die Spannung, die durch die Aktivität der Helikasen aufgebaut wird.

— Andere Isomerasen können die **cis-trans-Konformation** verändern oder die Tautomere ineinander umwandeln. In welchem Zusammenhang Strukturen miteinander verwandt sind, lässt sich am besten mit den Kohlenhydraten erklären, weswegen mehr dazu in Band Energiestoffwechsel, ▶ Kap. 1. steht.

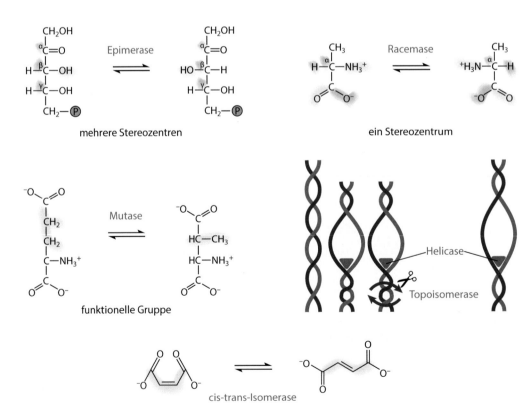

◘ **Abb. 3.6** Isomerisierungsreaktionen

3.1.6 Ligasen

❯ Im Gegensatz zu den Lyasen benötigen die Ligasen zur Bildung von kovalenten Bindungen externe Energiezufuhr in Form von ATP (◼ Abb. 3.7).

Die Synthetasen tragen diesen Aspekt bereits in ihrem Namen. Auch die meisten Carboxylasen gehören dazu.

Ohne DNA-Ligase könnten die einzelnen Okazaki-Fragmente nicht zu einem gesamtheitlichen Strang verbunden werden.

3.1.7 Translokasen

❯ Translokasen befördern Moleküle und Ionen von A nach B, teilweise, aber nicht immer, unter Energieverbrauch.

Dazu gehören auch Enzyme der Atmungskette, ATPasen, ATP-binding cassette transporter (ABC-Transporter) und einige Decarboxylasen. Die neue Klassifikation der Enzyme kam zustande, weil die betreffenden Enzyme den anderen Klassen unzureichend zugeordnet werden konnten (◼ Abb. 3.8).

◼ **Abb. 3.7** Ligasen verknüpfen Moleküle unter ATP-Verbrauch

3

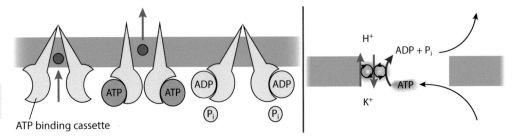

ATP binding cassette

□ **Abb. 3.8** Translokasen transportieren Moleküle über Membranen hinweg

3.2 Enyzmkinetik

Kinetik beschreibt die Lehre der Bewegung von Körpern durch innere oder äußere Einflüsse bzw. Energie. Ihr Gegenspieler ist die Statik, also das Ruhen, welches für Enzyme kein erstrebenswerter Zustand ist und nur bei absolutem Substratmangel auftritt. Eine Verminderung oder Vermehrung der Aktivität ist jedoch durchaus möglich, z. B. durch verschiedene Arten der Hemmung. Phosphorylierungen wirken je nach Enzym hemmend oder aktivierend, da es übergeordnet reguliert. So wird es im Energiestoffwechsel als allgemeines Hungersignal verwendet und führt so zu einer Senkung aller energieverbrauchenden sowie Steigerung aller energieliefernden Metabolismen. Die bereits erwähnten Begriffe freie Energie, Entropie und Enthalpie aus der Thermodynamik sind hierfür wieder Grundlage. Ziel der Enzyme ist es, die **Aktivierungsenergie**, die benötigt wird, optimal zu senken. Dadurch kann eine Reaktion schneller ablaufen. Diese Beschleunigung bezieht sich immer auf den Zustand der Zufälligkeit einer Reaktion ohne Katalysator. Außerdem wird das Reaktionsgleichgewicht verschoben. Im Allgemeinen verteilt sich das Verhältnis von einzelnen Substraten zu Produkten gleich, oder es liegt durch äußere Bedingungen ein Übergewicht einer Gruppe vor. Ein wasser-

lösliches Molekül wird in Wasser kaum mit einem anderen Molekül beginnen auszufallen, es sei denn, ein Enzym bewegt es dazu. Damit die Substrate also vermehrt zu Produkten umgesetzt werden (oder umgekehrt), bedarf es wiederum der Enzyme. Dadurch können im Folgenden andere Reaktionen oft überhaupt erst in Gang gesetzt werden. Der Einfachheit halber werden in Reaktionen **Substrat (S)**, **Enzym (E)** und **Produkt (P)** mit ihren jeweiligen Anfangsbuchstaben abgekürzt.

S hat ein **Energieniveau** (1), das erhöht werden muss (2.1/2.2), um in P umgewandelt werden zu können, selbst wenn dessen Energieniveau niedriger ist (4). Diese Aktivierungsenergie ist bei zufälligen Reaktionen deutlich höher anzusetzen (2.1–1) als bei enzymatisch katalysierten Reaktionen (2.2–1). Während der Reaktion (1 bis 3.2) durchlaufen Enzym und Substrat einige **Übergangszustände**, die in folgender Formel beschrieben werden (□ Abb. 3.9):

$$E + S\,(1) \longrightarrow ES\,(2.2) \longrightarrow EP\,(3.2) \longrightarrow E + P\,(4)$$

Abhängigkeiten der Enzymaktivität entstehen durch ihren eigenen Aufbau. Als Proteine denaturieren sie ab einer bestimmten Temperatur (>40 °C) und einem bestimmten pH. Abhängig sind sie aber auch von ihrer Spezifität. Diese kann sich auf die Substratauswahl oder die Wirkung beziehen. So gibt es Enzyme, die nur ein

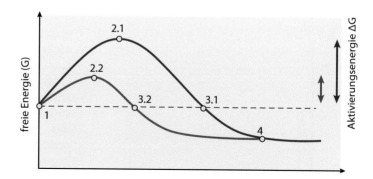

◻ Abb. 3.9 Die benötigte Energie, um S in P umzusetzen, wird durch E deutlich verringert und beschleunigt dadurch die Reaktion

einziges Molekül umsetzen können, sie sind **substratspezifisch**. Andere interagieren immer mit der gleichen chemischen Gruppe, egal welches Molekül, werden also als **gruppenspezifisch** bezeichnet. Wieder andere spezialisieren sich auf eine Ausrichtung des Moleküls. Die **Stereospezifität** wird auch optische Spezifität genannt, weil die Anordnung der Moleküle um ein Stereozentrum in die eine oder andere Richtung zu einer veränderten Brechung des Lichts führt (Abschn. Praktische Biochemie 4.1.2). Allgemein sind alle Enzyme **wirkungsspezifisch**, das heißt, sie setzen ihr Substrat nur in ein ganz bestimmtes Produkt um.

3.2.1 Michaelis-Menten

Mag das folgende Thema auch noch so trocken erscheinen, auf dem Verständnis der theoretischen Ansätze Maud Mentens und Leonor Michaelis' baut ein Großteil der Biochemie von heute auf. Es wurde durch andere Wissenschaftler weiterentwickelt und lässt sich wohl aufgrund seiner Geradlinigkeit (es betrachtet immer nur eine Reaktion) nicht eins zu eins auf den lebenden Organismus übertragen. Nichtsdestotrotz werden bis heute Affinitäten und Reaktionsgeschwindigkeiten mit der K_M **(Michaelis-Konstante)** und V_{max} **(Maximalgeschwindigkeit)** bzw. deren Reziprok angegeben.

❯ Die Reaktionsgeschwindigkeit wird durch die Einheit Katal (kat) beschrieben, die angibt, wie viel Enzym (E) notwendig ist, um ein Mol Substrat (S) pro Sekunde in Produkt (P) umzuwandeln.

Um eine Vergleichbarkeit herzustellen, sind Standardbedingungen für die äußeren Faktoren wie Temperatur und pH angegeben.

In der laborchemischen Untersuchung spielt vor allem die **Enzymaktivität** pro Volumen eine große Rolle, weswegen dafür die Einheit der **Volumenaktivität** in Katal pro Liter angegeben wird.

$$\text{Volumenaktivität } 1\frac{kat}{l} \quad 1kat = 1\frac{mol}{s}$$

Bei Untersuchungen zur Maximalgeschwindigkeit (V_{max}) von Enzymen zeigt sich im Diagramm von Substratkonzentration und Reaktionsgeschwindigkeit eine **hyperbole Parabel** (◻ Abb. 3.10).

❯ Diese wurde dadurch erklärt, dass in einer bestimmten Menge an Enzym mit Beginn der Zugabe an Substrat die Enzyme ihre Tätigkeit aufnehmen, bis alle zeitgleich Substrat umsetzen. Optimal ist dabei, wenn ein Enzym sofort wieder mit Substrat in Kontakt kommt, welches es umsetzen kann, sobald es seine vormalige Reaktion abgeschlossen hat.

3

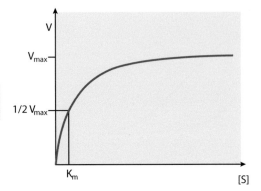

◘ Abb. 3.10 Verlauf der Geschwindigkeitszunahme von Enzymreaktionen in einer hyperbolen Parabel wie in Versuchen ermittelt

Irgendwann liegt mehr Substrat vor, als die Enzymmenge bedienen kann, und die Geschwindigkeit flacht ab.

Beschrieben wurde dieser Sachverhalt durch die Erweiterung der Formel

$$E + S \rightarrow ES \rightarrow E + P$$

Die Pfeile entsprechen **Geschwindigkeitskonstanten**, die durch die Enzymaktivität vorgegeben sind. Ersterer wird k_1 und letzterer k_2 benannt. Da auch die Rückreaktionen möglich sind, gibt es noch ihre Negative k_{-1} und k_{-2}.

❯ Eine Geschwindigkeit V bezeichnet die Änderung der Konzentration von Substrat bzw. Produkt im Laufe der Zeit.

❯ Da zu Anfang sowieso zu viel Enzym pro Substrat da ist, wird k_2 geschwindigkeitsbestimmender Schritt.

▬ Die Bildung der Enzym-Substrat-Übergangsformen steht im Gleichgewicht mit deren Zerfall in entweder E + S oder E + P. Das lässt sich in einer Formel darstellen, die Stück für Stück vereinfacht werden soll.

▬ Erstes Ziel ist es, nach [ES] aufzulösen. Dabei kommen auch zwei verallgemeinernde Symbole zustande: Die Michaelis- (K_M) und die Dissoziationskonstante (K_D). Beide können für den jetzigen Gebrauch gleichgesetzt werden.

▬ Ersetzt man Teile der ursprünglichen Formel mit K_M und ersetzt [E] ebenfalls, so kann man durch Umformen zu einem einfachen Bruch kommen.

▬ Nun kann man die Formel der Anfangsgeschwindigkeit für [ES] einsetzen. Dadurch taucht die Maximalgeschwindigkeit auf.

▬ Wenn man zu guter Letzt die halbmaximale Geschwindigkeit berechnen will, muss man noch einmal die hyperbole Parabel betrachten. Dabei fällt auf, dass die Michaelis-Konstante den Punkt der halbmaximalen Geschwindigkeit schneidet.

❯ Also ist die Michaelis-Konstante gleich der halbmaximalen Substratsättigung. Es ist auch der Punkt der höchsten Steigung der Parabel.

Man kann zu diesen Betrachtungen so viel Text schreiben, wie man will, meist hilft es doch am ehesten, die einzelnen Schritte der Formelherleitung nachzuvollziehen.

$$E + S \underset{k_{-1}}{\overset{k_{+1}}{\rightleftarrows}} ES \underset{k_{-2}}{\overset{k_{+2}}{\rightleftarrows}} E + P \qquad\qquad V = \frac{\Delta [P]}{\Delta t} = -\frac{\Delta [S]}{\Delta t}$$

$$V_0 = [ES] \cdot k_2 \longrightarrow [ES] = \frac{V_0}{k_2}$$

| Anfangsgesch windigkeit V_0

$$k_1 \cdot [E] \cdot [S] = k_{-1} \cdot [ES] + k_2 \cdot [ES]$$

| Gleichgewicht von Hin- und Rückreaktion
| Rechte Seite umschreiben

$$k_1 \cdot [E] \cdot [S] = (k_{-1} + k_2) \cdot [ES]$$

| $\div k_1$

$$[E] \cdot [S] = \frac{(k_{-1} + k_2)}{k_1} \cdot [ES]$$

| Diese Formel wird umgeschrieben

$$K_M = \frac{k_{-1}}{k_1} \cdot \frac{k_2}{k_1} \qquad K_D = \frac{[E] \cdot [S]}{[ES]}$$

| k_2 ist vernachlässigbar klein $\longrightarrow K_M = K_D$

$$[E_{ges}] = [E] + [ES] \longrightarrow [E] = [E_{ges}] - [ES]$$

| Die Gesamtzahl aller Enzyme $E_{ges(amt)}$
| Diese Formel wird eingefügt

$$[E_{ges}] \cdot [S] - [ES] \cdot [S] = K_M \cdot [ES]$$

| $\div K_M$

$$\frac{[E_{ges}] \cdot [S]}{K_M} - \frac{[ES] \cdot [S]}{K_M} = [ES]$$

| $+ \frac{[ES] \cdot [S]}{K_M}$

$$\frac{[E_{ges}] \cdot [S]}{K_M} = [ES] + \left(\frac{[ES] \cdot [S]}{K_M} \right)$$

| $\cdot K_M$

$$[E_{ges}] \cdot [S] = [ES] \cdot K_M + [ES] \cdot [S]$$

| rechte Seite umschreiben

$$[E_{ges}] \cdot [S] = [ES] \cdot (K_M + [S])$$

| $\div (K_M + [S])$

$$[ES] = \frac{[E_{ges}] \cdot [S]}{K_M + [S]}$$

| Anfangsgesch windigkeit für $[ES]$ einsetzen

$$\frac{V_0}{k_2} = \frac{[E_{ges}] \cdot [S]}{K_M + [S]}$$

| $\cdot k_2$

$$V_0 = \frac{k_2 \cdot [E_{ges}] \cdot [S]}{K_M + [S]} \qquad V_{max}$$

| V_{max} einsetzen

$$V_0 = \frac{V_{max} \cdot [S]}{K_M + [S]}$$

| wenn $V_0 = V_{max}$, so muss $K_M = 1 \, [S]$ entsprechen2

$$\frac{1}{2} V_{max} = \frac{V_{max} \cdot [S]}{K_M + [S]} \qquad \frac{1}{2} V_{max} = \frac{V_{max} \cdot \frac{1}{2}[S]}{\frac{1}{2}[S] + \frac{1}{2}[S]} \qquad \frac{1}{2} V_{max} = \frac{V_{max} \cdot \frac{1}{2}[S]}{1 [S]} \quad \frac{\frac{1}{2}}{1} = \frac{1}{2}$$

$$\frac{1}{2} V_{max} = \frac{1}{2} V_{max}$$

Denkstütze

Eckige Klammern [] weisen immer auf Konzentrationen hin. Man kann sie auch mit „c" vor der jeweiligen Variablen ersetzen.

Die Parameter haben natürlich alle auch Einheiten. Die **Substratkonzentration** liegt in **mol/l** vor und die **Geschwindigkeiten** werden in **1/s** angegeben. Der **K$_M$-Wert** trägt die Einheit **mol/l**. Übersteigt die Substratkonzentration den K$_M$-Wert um ein Vielfaches, wird die Berechnung der tatsächlichen Geschwindigkeit schwierig. Im Labor wird meist mit größeren Mengen gearbeitet. Dafür nimmt man eine weitere Konstante zu Hilfe, die **Wechselzahl k$_{cat}$**.

> Sie beschreibt, wie viele Reaktionszyklen ein Enzym pro Sekunde durchlaufen kann (1/s), und wird auch als molekulare Aktivität bezeichnet.

Genauso kann man die Wechselzahl jedoch auch für minimale Substratkonzentrationen verwenden. Dieser Fall tritt vor allem im menschlichen Organismus, der nicht unter Standardversuchsbedingungen agiert, ein. Der Quotient aus Wechselzahl und Michaelis-Konstante beschreibt die Effizienz eines einzelnen Enzyms bei geringen Substratkonzentrationen. Je näher der Wert an 10^9 mol s/l liegt (Maximalwert in wässriger Lösung), desto eher setzt das Enzym jedes Substrat um, mit dem es in Kontakt kommt.

$$V = \frac{k_2 \cdot [E_{ges}] \cdot [S]}{K_M + [S]}$$

Wenn K_M vernachlässigbar klein im Verhältnis zu [S], so setzt man es 0 gleich

$$V = \frac{k_2 \cdot [E_{ges}] \cdot [S]}{[S]}$$

$$V = k_{cat} \cdot E_{ges}$$

k_2 wird durch k_{cat} ersetzt

$$V = \frac{k_2 \cdot [E_{ges}] \cdot [S]}{K_M + [S]}$$

wenn [S] sehr klein wird, kann man es unterhalb des Bruchs vernachlässigen

$$V = \frac{k_{cat} \cdot [E_{ges}] \cdot [S]}{K_M}$$

k_2 wird durch k_{cat} ersetzt

3.2.2 Lineweaver-Burk

Da es mühselig ist, V$_{max}$ und K$_M$ aus Versuchsreihen und deren grafischer Darstellung herauszulesen, entwickelten Hans Lineweaver und Dean Burk in den 1930ern das nach ihnen benannte **doppelt reziproke Diagramm**.

> Dabei wird aus der hyperbolen Parabel eine Gerade mit der Steigung K$_M$/V$_{max}$.

Auch rechnerisch kann man dies nachvollziehen, indem man die Formel reziprok umformt.

> Hat man die Werte 1/V$_{max}$ und 1/K$_M$ grafisch ermittelt (sie sind jeweils die Schnittstellen der x- und y-Achse), so kann man leicht deren Reziprok berechnen (◘ Abb. 3.11).

$$V = \frac{V_{max} \cdot [S]}{K_M + [S]}$$

$$\frac{V}{1} = \frac{\dfrac{V_{max}}{1} \cdot \dfrac{[S]}{1}}{\dfrac{K_M}{1} + \dfrac{[S]}{1}}$$

Die Ausgangsformel ist oft in Brüchen dargestellt

$$\frac{1}{V} = \frac{\dfrac{1}{V_{max}} \cdot \dfrac{1}{[S]}}{\dfrac{1}{K_M} + \dfrac{1}{[S]}}$$

Alle Brüche als Reziprok

Der Doppelte Bruch wird aufgelöst

$$\frac{1}{V} = \frac{1}{V_{max}} \cdot \frac{1}{[S]} \cdot \left(\frac{K_M}{1} + \frac{[S]}{1} \right)$$

Die Klammer wird geöffnet

$$\frac{1}{V} = \frac{1}{V_{max}} \cdot \frac{1}{[S]} \cdot \frac{K_M}{1} + \frac{1}{V_{max}} \cdot \frac{\cancel{1}}{\cancel{[S]}} \cdot \frac{\cancel{[S]}}{1}$$

$$\frac{1}{V} = \frac{K_M}{V_{max}} \cdot \frac{1}{[S]} \cdot \frac{1}{V_{max}}$$

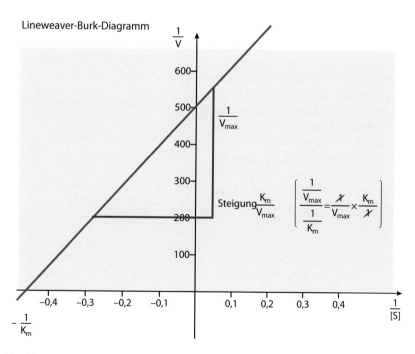

Lineweaver-Burk-Diagramm

Abb. 3.11 Lineweaver-Burk-Diagramm

3

3.2.3 Kompetitive Hemmung

Kompetitiv heißt so viel wie im Wettbewerb stehend. Das beschreibt diese schlichteste Form der Inhibitoren ganz gut.

❯ Sie konkurrieren mit dem eigentlichen Substrat um die gleiche Bindungsstelle. Daraus folgt, dass eine vollständige Hemmung erst erreicht werden kann, wenn alle Substrate verdrängt worden sind.

Das kann je nach Enzym und Substrat einige Zeit dauern. Umgekehrt kann der Inhibitor mit der Zeit auch wieder komplett vom eigentlichen Substrat verdrängt werden, vergleichbar einem Kräftemessen der Dosierungsstärke.

Pharmakologische Antagonisten sind z. B. Ibuprofen, welches reversibel die Cyclooxygenase (COX) 1 und 2 hemmt, und Statine, die die HMG-CoA-Reduktase als Schlüsselenzym der Cholesterinsynthese hemmen. Übrigens, Acetylsalicylsäure, die auch die COX 1 und 2 kompetitiv hemmt, tut dies im Unterschied zu Ibuprofen jedoch irreversibel. Da Thrombozyten keine Proteinbiosynthese betreiben können, dauert die aggregationshemmende Wirkung so lange, wie ein Thrombozyt lebt – etwa 10 Tage.

❯ In den grafischen Darstellungen zeigt sich, dass die Maximalgeschwindigkeit die gleiche bleibt, aber der K_M-Wert größer wird. Die Affinität des Substrats zum Enzym sinkt scheinbar, weswegen dieser neue Wert auch als apparente K_M bezeichnet wird.

Wenn sich auch die Parabeln im Michaelis-Menten-Diagramm nie sichtbar schneiden, würde doch ein Fortführen der Linien bis in die Unendlichkeit irgendwann einen Schnittpunkt hervorrufen. Die Steigung ist jedoch so flach, dass es beinahe so aussieht, als käme eine Gerade zustande. Man spricht deshalb von einer asymptotischen Annäherung der Parabeln.

❯ Im Lineweaver-Burk-Diagramm erkennt man die gleichbleibende Maximalgeschwindigkeit am gemeinsamen Schnittpunkt (◨ Abb. 3.12).

3.2.4 Nichtkompetitive Hemmung

Unabhängig vom Substrat agieren nichtkompetitive Antagonisten. Sie können sowohl die Enzyme, deren Bindungsstelle bereits mit Substrat besetzt ist (ES), als auch jene freien (E) hemmen.

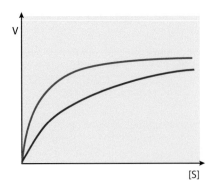
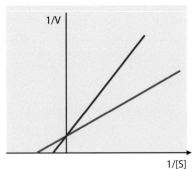

◨ **Abb. 3.12** bei der kompetitiven Hemmung bleibt die mögliche Maximalgeschwindigkeit der Reaktion erhalten, aber die K_M wird größer. Ungehemmt *grün*, gehemmt *rot*

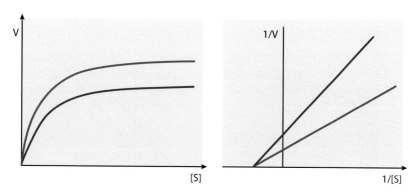

■ **Abb. 3.13** Nichtkompetitive Hemmung behält seinen K_M-Wert bei kleiner werdendem V_{max}. Ungehemmt *grün*, gehemmt *rot*

❯ Daraus lässt sich ableiten, dass sie eine andere Bindungsstelle am Molekül haben werden.

Durch die Unabhängigkeit erklärt sich, dass die Maximalgeschwindigkeit selbst unter Zugabe von Substrat nie erreicht werden kann. Die augenscheinliche Maximalgeschwindigkeit $appV_{max}$ ist kleiner, im doppelt reziproken Diagramm zeigt sich eine steilere Gerade vom gleichen Ausgangspunkt.

❯ Im Michaelis-Menten-Diagramm kann die inhibierte Parabel nie die normale Parabel treffen. Die Affinität und folglich der der K_M-Wert bleibt gleich, denn das Enzym interagiert weiterhin mit dem Substrat, setzt es nur nicht mehr um (■ Abb. 3.13).

3.2.5 Allosterische Hemmung

❯ Die Allosterie kann sowohl hemmende als auch aktivierende Interaktionen beschreiben.

Allgemein beschreibt sie eine Veränderung einer Struktur durch einen äußeren Einfluss.

❯ Allosterische Inhibitoren führen zu einer strukturellen Konformationsänderung

des Enzyms, sodass das Substrat weniger oder gar nicht mehr umgesetzt oder gebunden werden kann.

Da die allosterische Hemmung entsprechend unabhängig vom Substrat agiert und wieder eine Bindungsstelle außerhalb des katalytischen Zentrums besetzt, zählt sie zu einer Unterart der nichtkompetitiven Hemmungen.

Der häufigste allosterische Effektor im Körper ist wohl das Phosphat. Den Phosphaten gebührt eine ganze Gruppe an Enzymen, die Kinasen, deren Funktion darin besteht, andere Enzyme durch Phosphorylierung oder Dephosphorylierung zu regulieren.

3.2.6 Unkompetitive Hemmung

❯ Eine Sonderform ist die unkompetitive Hemmung, die nur Enzym-Substrat-Komplexe binden und inaktivieren kann.

Dadurch ist sie absolut abhängig von der Anwesenheit von Substrat und der Affinität des Enzyms, dieses umzusetzen.

❯ Genauso wie die nichtkompetitiven Hemmungen kann sie also nicht mit einer Zugabe von mehr Substrat aufgehoben werden. Es ist sogar eher im

3

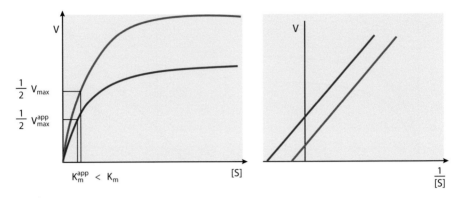

■ **Abb. 3.14**   Bei der unkompetitiven Hemmung sinken K_M und V_{max} um denselben Betrag

Gegenteil dadurch eine noch stärkere Hemmung möglich, ein Alleinstellungsmerkmal dieser Hemmform.

Im Diagramm zeigt sich sowohl eine veränderte Maximalgeschwindigkeit als auch eine scheinbar niedrigere Affinität zum Substrat. Da beides von der Substratkonzentration abhängig ist, verändern sie sich um exakt denselben Betrag. Im Lineweaver-Burk-Diagramm schneiden sich die Geraden in keinem Punkt, sondern sind parallel zueinander verschoben (■ Abb. 3.14).

3.2.7 Irreversible Hemmung

❯ Manche Hemmstoffe binden kovalent oder zumindest ähnlich stark an ihre Zielstruktur und lassen sich somit nicht mehr oder kaum noch lösen.

Prinzipiell können sowohl kompetitive, nichtkompetitive als auch unkompetitive Hemmungen reversibler oder irreversibler Natur sein (■ Abb. 3.15).
Die irreversiblen Hemmungen sind Fluch und Segen. Sie sind beispielsweise bei der bereits erwähnten Verwendung von Acetylsalicylsäure oder Krebsmitteln durchaus erwünscht. Auf der anderen Seite muss man sehr vorsichtig dosieren, denn einmal verabreicht, gibt es (meist) keine Möglichkeit der Aufhebung.

Viele Vergiftungen sind schwer behandelbar, weil es keine Möglichkeit gibt, den Giftstoff aus dem Körper herauszubefördern, wenn er einmal gebunden ist. Damit zählen auch sie zu den irreversiblen Hemmstoffen. Die Organophosphate dienen i. d. R. als Beispielsubstanzen, denn sie wurden früher häufig für Suizide verwendet und sind somit gut erforscht. Sie kommen u. a. in Pflanzenschutzmitteln vor. Im Körper binden sie an die Acetylcholinesterase, die eigentlich den Neurotransmitter Acetylcholin im synaptischen Spalt abbauen und damit unwirksam machen soll. Bei kovalenter Bindung durch Veresterung und Phosphorylierung des Enzyms wird dieses irreversibel gehemmt. Eine Hydrolyse kann zwar nach einigen Tagen die Bindung lösen, bis dahin ist das Gewebe jedoch abgestorben und der Mensch tot, denn es kommt zu einer dauerhaften neuromuskulären Erregung. Diese führt letztendlich zu einer Atemlähmung. Standardtherapie ist die Hemmung der Acetylcholinwirkung durch Hemmung des Rezeptors, also einer doppelten Inhibition der Signalkaskade. Seit einigen Jahren gibt auch es Antidote, die bei frühzeitiger Verabreichung den irreversiblen Prozess stoppen können. Obidoxim kann die Abspaltung des organischen Teils verhindern, wodurch es nicht zur Phosphorylierung kommt. Das gesamte Organophosophat wird hingegen gebunden und lässt sich leichter lösen (■ Abb. 3.16).

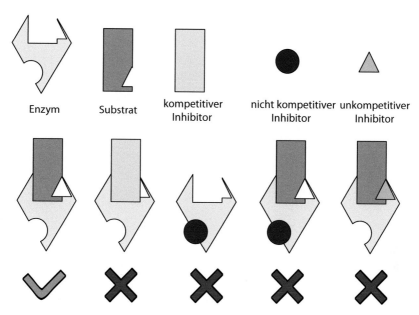

Enzym Substrat kompetitiver Inhibitor nicht kompetitiver Inhibitor unkompetitiver Inhibitor

■ Abb. 3.15 Hemmformen der Enzymkinetik

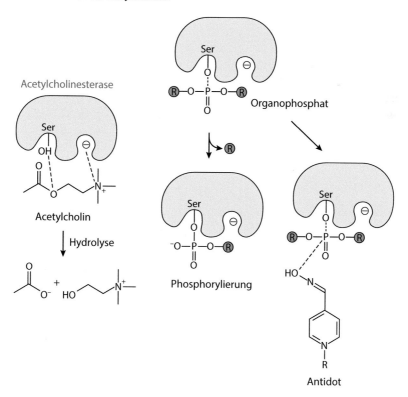

Acetylcholinesterase

Ser
OH

Acetylcholin

Hydrolyse

Organophosphat

Phosphorylierung

Antidot

■ Abb. 3.16 Irreversible Hemmungen, wie hier bei Acetylcholinesterase und Organophosphaten, können unter bestimmten Bedingungen trotzdem noch gelöst werden, weil der Körper „lediglich" Unterstützung dazu braucht, die Bindung selbst zu lösen. Ist das Enzym jedoch erst einmal kovalent phosphoryliert, gibt es kein Zurück mehr

Praktische Biochemie

Inhaltsverzeichnis

© Springer-Verlag GmbH Deutschland, ein Teil von Springer Nature 2021
F. Harmjanz, *Biochemie - Zelle, Enzyme, Praktische Biochemie*,
https://doi.org/10.1007/978-3-662-60270-6_4

4

Alles, was wir bis heute wissen, verdanken wir Wissenschaftlern, die zuvor in aufwendigen Versuchen den Bausteinen des Lebens und ihrer Funktion auf den Grund gegangen sind. Einige grundlegende Verfahren werden bis heute für die Diagnostik verwendet. Wenn auch in den staatlichen Prüfungen solcherlei Wissen kaum eine Rolle spielt, ist es für Praktika, Klausuren und viele experimentelle Doktorarbeiten unverzichtbar. Welche weitreichenden Erleichterungen die Fortschritte in der Forschung gebracht haben, lässt sich anhand des Blutzuckermessgeräts zeigen. Bis zur Entwicklung der handlichen Geräte, die nur einen kleinen Tropfen kapillären Blutes beanspruchen, konnte der exakte Wert nur aufwendig im Labor bestimmt werden. Ein direkter Test war mittels Indikatorpapier im Urin möglich. Wenn dort jedoch Glucose auftaucht, ist der Patient definitiv schlecht eingestellt und einen exakten Wert erhält man auch nicht. Heute gibt es sogar wenige Zentimeter große Implantate, die mehrere Wochen im Oberarm verbleiben können und direkt über eine App Feedback geben können. Die Messgeräte basieren auf einfachen photometrischen oder elektrochemischen Prinzipien, die im Folgenden erläutert werden.

4.1 Analyseverfahren

Das qualitative und quantitative Ermitteln von Stoffkonzentrationen ist in allen Bereichen der Medizin unverzichtbares Mittel, um den Zustand des Patienten besser einzustufen, Diagnosen zu stellen oder Therapien zu überprüfen. Die weitestgehend automatisierten Prozesse in großen Laboratorien bauen auf den Verfahren auf, die in den nächsten Abschnitten erklärt werden. Damit haben sich die Aufgaben von Laborangestellten vom mühseligen Bearbeiten einer jeden Probe zur Überwachung und Qualitätskontrolle der Prozesse hin verschoben. Nichtsdestotrotz muss man die Verfahren auch noch „von Hand" beherrschen. Je weiter die Wissenschaft in anderen Bereichen gekommen ist, desto mehr haben sich auch die biochemischen Methoden verfeinert. Die Nachweise von kleinsten Mengen oder spezifischer Moleküle ist nur möglich, weil sich die Nutzung von Strahlung und deren Produkten (Emission, Transmission, Absorption) weiterentwickelt hat (◻ Abb. 4.1).

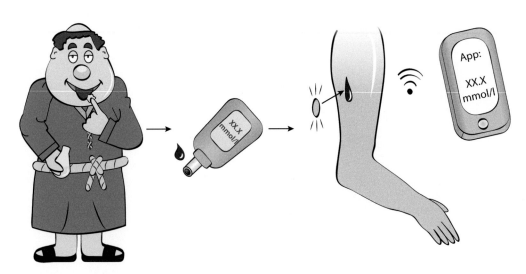

◻ **Abb. 4.1**   Fortschritte der Blutzuckerbestimmung

4.1.1 Titration

❯ Bei der Titration wird einer Lösung unbekannter Konzentration so lange in kleinster Dosierung eine Lösung bekannter Konzentration zugesetzt, bis es zu einer Reaktion kommt.

In der Chemie und Biochemie ist der Versuch der pH-Titration Standard für die Studenten im ersten Jahr. Man führt der Säure oder Base in Anwesenheit eines Farbindikators sein Pendant in geringer Dosis zu, bis der Indikator umschlägt. Das hinzugegebene Volumen der bekannten Lösung ermöglicht es dann auszurechnen, in welcher Konzentration die unbekannte Lösung vorlag. Abgesehen von einem Farbindikator kann auch mithilfe eines pH-Meters, einer den pH-Wert messenden Elektrode, verfolgt werden, wie die Titrationskurve im Detail verläuft.

❯ Da es nicht darum geht, herauszufinden, ob ein Stoff oder welcher Stoff sich in Lösung befindet, sondern wie viel von einem bekannten Stoff, gehört das Verfahren zu den quantitativen Analysen.

Abgesehen von Säure-Base-Reaktionen können auch Fällungsreaktionen, Redoxreaktionen oder chelatometrische Titrationen zur Anwendung kommen. Es hängt von der Art des Stoffes ab, welches Verfahren am sinnvollsten ist.

- Bei **Fällungsreaktionen** wird dokumentiert, ab welcher Konzentration einer bestimmten Lösung ein Stoff ausfällt.
- Die **Redoxreaktionen**, die meist zusätzlich mit einem Indikator versetzt sind, zeigen an, wann ein bestimmtes Ion in seiner reduzierten bzw. oxidierten Form vorliegt.
- Die **Chelatometrie** verwendet Chelatbildner (Komplexbildner) wie EDTA (Ethylendiamintetraessigsäure), um den Umschlag ebenfalls mit einem zu-

gesetzten Farbindikator zu ermitteln. Sie werden bei der Messung von Metallionen angewendet. So ist EDTA-Blut mit dem Chelatbildner versetzt, um das Ca^{2+} aus dem Blut daran zu hindern, die Gerinnung zu aktivieren.

Alle Reaktionen, die nicht durch pH-Wert-Änderungen gekennzeichnet sind, werden i.d.R. gepuffert untersucht, sonst könnten etwaige unbeabsichtigte pH-Wert-Verschiebungen zu verfälschten Messwerten führen.

Die Titrationskurve hat typische Verläufe, je nachdem welche Eigenschaften der unbekannte Stoff hat.

❯ Bei der Säure-Basen-Titration hängt der Verlauf beispielsweise von der Anzahl der protonierbaren funktionellen Gruppen ab.

Vertiefende Informationen zur Titration finden sich in Lehrbüchern der Chemie (◨ Abb. 4.2).

4.1.2 Optische Aktivität

❯ Die optische Aktivität ist die Eigenschaft eines transparenten, meist gelösten Stoffes, polarisiertes Licht in eine bestimmte Richtung zu drehen.

Das Messverfahren nennt sich Polarimetrie und findet seine Anwendung vor allem bei der Überprüfung der Reinheit eines Stoffes. Im ▶ Kap. 3 wurde die Enzymgruppe der Isomerasen (▶ Abschn. 3.1.5) vorgestellt, in Band 2 Energiestoffwechsel, Kap. 1 wird zu Anfang erklärt, welche Strukturisomere es gibt und in welchem Zusammenhang sie stehen.

❯ Ein Gemisch aus Enantiomeren, also einem rechts- und einem linksdrehenden Isomer, wird Racemat genannt.

4

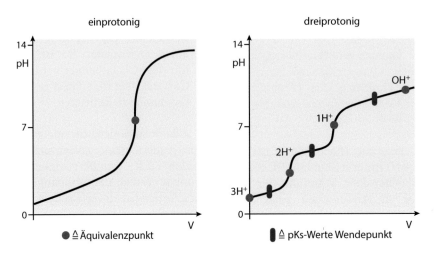

Abb. 4.2   Titrationskurven von ein- und dreiprotonigen Säuren

Abb. 4.3   Limonen (R)(+) und (S)(–) Enantiomere

Bei manchen Medikamenten ist es von höchster Wichtigkeit, dass sich nur eines der Isomere finden lässt, bei anderen ist sein Gegenüber lediglich unwirksam.

Berühmtestes Beispiel für einen fatalen Unterschied ist das Thalidomid, damals vertrieben unter dem Namen Contergan. Das Schlafmittel beinhaltete beide Enantiomere des Stoffes und der eine davon wirkte auch tatsächlich schlaffördernd, sein Spiegelbild jedoch war teratogen. Tausende Kinder wurden mit Fehlbildungen geboren.

Wie beeindruckend die biologischen Eigenschaften eines Stoffes von seiner Chiralität (Drehrichtung im Raum wie Bild und Spiegelbild) abhängen, lässt sich auch in der Natur zeigen. Limonen wird der Stoff genannt, nach dem Citrusfrüchte im Allgemeinen riechen. Liegt es als Enantiomer vor, gibt es Nadelbäumen und Pfefferminz seine charakteristischen Gerüche nach Minze und Terpentin (**Abb. 4.3**).

Polarimeter bestehen aus einer Lichtquelle, deren Strahlen polarisiert werden müssen.

> Die elektromagnetischen Wellen, aus denen der Lichtstrahl besteht, werden durch ein Gitter geleitet, sodass nur noch eine Richtung von Wellen durchgelassen wird.

— Der polarisierte Strahl wird durch das zu untersuchende Medium geleitet und im Nachgang wieder durch ein Gitter geführt.

— Da das Medium jedoch einen Stoff beinhaltet, der die elektromagnetischen Wellen in ihrer Ausrichtung ablenkt, muss das zweite Gitter gedreht werden, damit wieder Strahlung hindurch kann.

— Außen an dem drehbaren Gitter befindet sich eine Skala, angegeben in Winkelgraden, die abgelesen werden kann.

> Deren Werte sind stoffspezifisch.

Bei einem racemischen Gemisch von 50:50 wäre eine Drehung des zweiten Gitters nicht vonnöten, da sich die abgelenkten Strahlen ausgleichen. Ähnlich ist es bei achiralen

Strukturen, die kein Spiegelbild besitzen. Sie lenken die Strahlen so variabel ab, dass in der Summe keine Drehung des Lichts stattfindet, der Stoff ist optisch inaktiv.

❯ Zur Berechnung von Konzentrationen (c) bekannter Stoffe in Lösung kann die Polarimetrie Aufschluss geben. Man benötigt dazu den gemessenen Drehwinkel α, die Schichtdicke d der Probe, die durchdrungen wird, und den spezifischen Drehwinkel der Substanz [α].

Dieser ist abhängig von der Wellenlänge und der Temperatur. Die Rechenformel gleicht dem Lambert-Beer'schen Gesetz, das jedoch nicht mit Drehwinkeln, sondern mit Extinktionen arbeitet (▸ Abschn. 4.1.3) (◻ Abb. 4.4).

$$c = \frac{\alpha}{[\alpha] \cdot d}$$

Denkstütze

Isomere haben die gleiche Summenformel, unterscheiden sich aber in ihrem Aufbau. Je nachdem welche Art Isomer vorliegt, kann die Reihenfolge der Atome variieren oder auch nur deren räumliche Anordnung.

4.1.3 Photometrie

Soll eine Molekülkonzentration in einer wässrigen Probe ermittelt werden, so kann man das Molekül zu einer enzymatischen Reaktion nutzen, die eine Farbreaktion folgen lässt.

❯ Diese Farbreaktion führt dann zu einer Extinktion, also Abschwächung, des die Probe durchstrahlenden Lichts.

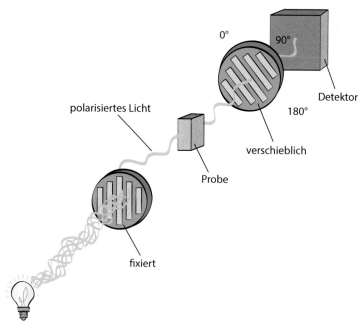

◻ **Abb. 4.4** Aufbau eines Polarimeters

4

Die Extinktion kann man zuletzt mit einem Photometer genau erfassen und dann mithilfe des erwähnten Lambert-Beer'schen Gesetzes die Konzentration berechnen. Weit entfernt von der Polarimetrie ist das Verfahren im Grund nicht, es ist jedoch in weitaus mehr Fällen nutzbar. Gerade Stoffwechselmetabolite lassen sich mit dieser einfachen Methode bestimmen. Wichtige **Grundvoraussetzungen** sind nur zwei:

❯ Das Absorptionsmaximum der untersuchten Substanz bzw. seines Reaktionsprodukts muss im Bereich der Wellenlänge des gewählten Lichts liegen. Keine andere ggf. in der Probe befindliche Substanz darf im gleichen Bereich ein Absorptionsmaximum haben.

❯ Damit man die Messwerte verwerten kann, muss wie bei den meisten Verfahren eine Eichkurve mit einer Substanz bekannter Konzentration erstellt werden.

Gerne genutztes Beispiel für eine gesuchte Konzentration ist Glucose. Diese kann nicht direkt nachgewiesen werden, muss also wie oben beschrieben erst umgesetzt werden. Dazu dient die Glucoseoxidase-Methode, bei der die gesamte Glucose mit Sauerstoff und Wasser zu Gluconat und Wasserstoffperoxid umgesetzt wird. Auch diese beiden Produkte sind nicht nachweisbar. Das in äquimolaren Mengen gebildete H_2O_2 kann jedoch weiter durch eine Peroxidase mit einem reduzierten Farbstoff zu wiederum äquimolaren Mengen von Wasser und oxidiertem Farbstoff reagieren. Die Redoxreaktion des Farbstoffs führt zu einer Änderung der Extinktion, die nun gemessen werden kann.

Bei dem Versuch muss die Schichtdicke der Probe (d) und der Extinktionskoeffizient der Substanz (ε) mit in die Auswertung (das Lambert-Beer'sche Gesetz) einbezogen werden.

$$c = \frac{E}{\varepsilon \cdot d}$$

4.1.4 Chromatografie

❯ Die Chromatografie trägt einen irreführenden Namen, denn es geht nicht um Farben und deren schriftliches Festhalten, sondern um die Auftrennung von Stoffen jeglicher Art.

Allerdings gelang der Versuch Anfang des 20. Jahrhunderts erstmals bei der Auftrennung eines Farbgemisches durch den Biologen Michael Tswett, entsprechend oblag es ihm, das neue Verfahren zu benennen. Heutzutage wird die (Gel-)Chromatografie gerne in der Proteinanalytik genutzt, denn die Quartärstrukturen können dabei erhalten bleiben.

❯ Ein Chromatograf besteht aus zwei sogenannten Phasen, die eine mobil, die andere stationär. Benötigt wird auch ein Lösungsmittel.

Dieses bewegt dann die Moleküle je nach ihrem Lösungsverhalten mehr oder weniger mit in die Fließrichtung, Am Ende bleiben die unterschiedlichen Stoffe an einer bestimmten Stelle stehen. Sind sie nicht für das bloße Auge sichtbar, müssen sie nachträglich sichtbar gemacht werden. Es gibt verschiedene Formen der Chromatografie, benannt nach einer ihrer Phasen: Papier-, Dünnschicht-, Säulen-, Ionenaustausch-, Affinitäts- und Gaschromatografie (❏ Abb. 4.5).

Das Medium **Papier** (Cellulose) liegt oder steht senkrecht und fixiert das Stoffgemisch als stationäre Phase. Eine Flüssigkeit, z. B. Wasser oder Alkohol oder ein Gemisch der beiden, verteilt die Stoffe nach ihrem **Verteilungskoeffizienten**, also nach ihrem Volumen.

Die **Dünnschichtchromatografie** ist eine Sonderform der Papier-Chromatografie. Die Platte besteht aus Glas oder Kunststoff und ist mit Cellulose, Aluminiumoxid oder einer anderen stationären Phase hauchdünn be-

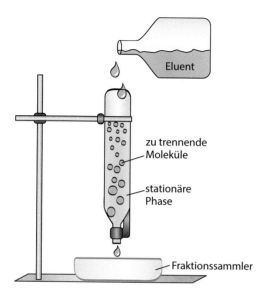

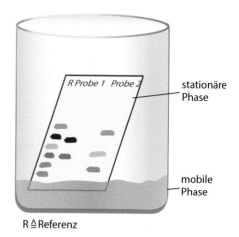

Abb. 4.5 Aufbau von chromatografischen Trennverfahren

schichtet. Sie ermöglicht ein millimeter-dünnes Auftragen des Stoffgemisches. Dieses wird dann wieder durch Kapillarkräfte mithilfe einer mobilen Phase aufgetrennt.

Die Säule der **Säulenchromatografie** besteht meist aus einem schmalen mit stationärer Phase gefüllten Glas. Durch sie hindurch fließt dann wieder eine mobile Phase. Senkrecht unterhalb der Säule werden die Moleküle nach der Zeit aufgetrennt, die sie brauchen, um die Säule zu durchlaufen. Manche sind so fest in der stationären Phase verankert, dass sie nachträglich ausgeschwemmt werden müssen. Ist die stationäre Phase ein Gel, das als Molekularsieb dienen kann, so nennt man es auch **Gelfiltration**. Die darin trennbaren Moleküle werden nach ihrer Größe durch ihr Eigengewicht in Fraktionen aufgefangen. Jedoch brauchen kleine Moleküle hier länger, weil sie sich eher zwischen dem Molekularsieb verfangen, während große Partikel förmlich durchrutschen. Die moderne **High Performance Liquid Chromatography (HPLC)** bedient sich des Verfahrens und hat sie erweitert. So muss das Stoffgemisch in einem „Eluent" vollkommen gelöst sein und wird durch erhöhten Druck aufgetrennt. Danach kann

auch die Konzentration der einzelnen Stoffe ermittelt werden. Vor allem Proteine lassen sich gut damit auftrennen. Dem Detektor, der mittels Fluoreszenz oder Absorption die einzelnen Fraktionen erkennt, folgt ein Fraktionssammler. Dieser sammelt die dann quantifizierbaren Mengen der aufgetrennten Proteine in der Reihenfolge ihres Austritts.

Wichtige Parameter bei der Auswertung von verteilungschromatografischen Verfahren sind die verschiedenen Volumina des Versuchsaufbaus. Diese können bei der Säulenchromatografie am besten ermittelt werden. So muss das Gesamtfüllvolumen der Säule, das Volumen der stationären Phase, das Volumen der mobilen Phase und das Volumen der zu untersuchenden Substanz berücksichtigt werden. Ersatzweise wird bei automatisierten Verfahren die Zeit dokumentiert, nach der die Elutionsvolumina mit den gelösten Substanzen austreten und vom Detektor erkannt werden (Abb. 4.6).

❯ Auch die Ionenaustauschchromatografie wird in der Proteinanalytik genutzt, wobei sie keine differenzierten Auftrennungen ermöglicht.

4

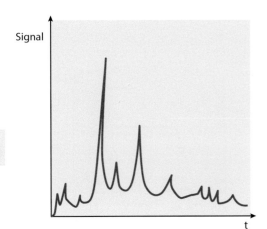

Signal

t
Retentionszeit

◨ **Abb. 4.6**   Auswertung einer Säulenchromatografie

Die zu trennenden Stoffe müssen, damit es funktioniert, unterschiedliche Ladungen haben.

— Damit ein gemeinsamer Startpunkt vorgegeben werden kann, muss das Gemisch vorab gepuffert werden.
— Stationäre Phase ist meist **Agarosegel**, welches mit einem Anionen- oder Kationenaustauscher durchsetzt wird.
— Wurde ein Kationenaustauscher (–) verwendet, werden bei der ersten Auftrennung durch die mobile Phase nur die negativ geladenen Moleküle ausgeschwemmt.
— Die positiv geladenen Moleküle konnten am Kationenaustauscher binden.
— Danach wird in steigender Konzentration ein Eluent (z. B. NaCl) als mobile Phase verwendet, der die Moleküle nach der Stärke ihrer positiven Ladung aus der stationären Phase herauslöst.
— Die schwächsten lösen sich zuerst, die stärksten zuletzt.

Bei der **Affinitätschromatografie** wird eine bestimmte Eigenschaft des zu findenden Moleküls genutzt, ähnlich des pH-Werts bei der Ionenaustauschchromatografie. Man wählt für das Molekül z. B. einen passenden Antikörper oder einen anders gearteten Liganden aus, der an die stationäre Phase bindet. Wird das Eluent mit dem Stoffgemisch durch die stationäre Phase geleitet, bleibt nur der gesuchte Stoff übrig, alles andere bindet nicht. Zuletzt wird der Ligand im Überschuss eingeschwemmt oder der pH-Wert verändert, sodass sich auch das gesuchte Molekül löst.

Eine Verteilung durch **Gas** kann nur erfolgen, wenn die zu trennenden Stoffe sich (ggf. unter Erhitzen) verdampfen lassen und im gasförmigen Zustand nicht zersetzen. Das Gas bildet die mobile Phase, während die stationäre Phase meist flüssig ist, aber auch fest sein kann. Der Detektor misst die Eintreffzeit des Stoffes nach Durchlaufen der Röhre, die mehrere Meter lang ist und in der sich die stationäre Phase befindet. Da sowohl die Größe der Moleküle als auch ihre Affinität zur stationären Phase eine Rolle spielt, handelt es sich um eine **Verteilungs- und Affinitätschromatografie**.

4.1.5 Elektrophorese

❯ Wie die Chromatografie ist die Elektrophorese ein Trennverfahren für Moleküle, in diesem Fall immer für geladene Moleküle.

Der Unterschied zur Ionenaustauschchromatografie liegt im Versuchsaufbau, der nicht senkrecht, sondern waagerecht ist, da keinerlei Druck (oder Schwerkraft) benötigt wird.

❯ Dafür müssen Proteine bis auf ihre Primärstruktur denaturiert werden, was bei den chromatografischen Verfahren nicht nötig ist. Die Elektrophorese erzielt wiederum konkretere Ergebnisse, denn die Trennschärfe der Fraktionen wird erhöht.

Es gibt Elektrophoresen mit und ohne Träger (Gele, Platten, Folien), hier soll nur auf erstere eingegangen werden. In der Regel ist die **SDS-Polyacrylamid-Gelelektrophorese**

(SDS-PAGE) gemeint, eine Standardmethode in den Laboratorien zur Auftrennung von Proteinen (z. B. Serumeiweißelektrophorese). Für Lipoproteine und DNA wird Agarosegel oder Celuloseacetatfolie verwendet. Das Prinzip beruht darauf, dass die ladungsabhängige Wanderung diesmal nicht durch Schwerkraft mobilisiert wird, sondern durch eine angelegte Spannung.

> Die SDS-PAGE ist insofern besonders, als dass die Proteine mithilfe eines elektrochemischen Gradienten nach Molekülmasse getrennt werden.

- Es nutzt **S**odium**d**odecyl**s**ulfat (SDS) und β-Mercaptoethanol als Detergenzien, die zugleich als Puffer wirken.
- β-Mercaptoethanol löst dabei spezifisch Disulfidbrücken von Cysteinresten durch eine Redoxreaktion.
- Die übrige Aminosäurekette wird von SDS so umhüllt, dass alle Proteine allgemein eine negative Ladung haben und nur noch die Molekülmasse eine Unterscheidung ermöglicht.

> Die negative Ladung aller Proteine bestimmt die Wanderungsrichtung zur Anode. Die nach einer Zeit zurückgelegte Strecke der Moleküle im Gel ist proportional ihrer Masse.

- Das Gel besteht aus quervernetztem **Polyacrylamid**, weil es einerseits ungeladen ist und somit nicht mit der Probe interagiert, andererseits fungiert es als eine Art Sieb variabler Dichte.
- Nach Abschluss der Wanderung muss das Ergebnis fixiert und angefärbt werden.

Vorteil ist, dass man in einer Gel-Platte nebeneinander mehrere Proben und eine Referenzgruppe laufen lassen kann, sodass ein Ablesen der Fraktionen erleichtert wird (◘ Abb. 4.7, ◘ Abb. 4.8).

> Die isoelektrische Fokussierung (IEF) ist noch einmal eine Erweiterung der Elektrophorese. Die Proteine werden nicht in ihrer Ladung abgepuffert, sodass jedes seine individuelle Grundladung behält.

- Egal wo auf dem Träger aufgetragen, wandern die Proteine dann bei Anlegen eines pH-Gradienten Richtung Anode oder Kathode, je nachdem wo genau ihr **isoelektrischer Punkt** sich befindet.
- Es ermöglicht eine besonders hohe Trennschärfe, denn die Moleküle sind bestrebt, in ihrem Zwitterzustand vorzuliegen.

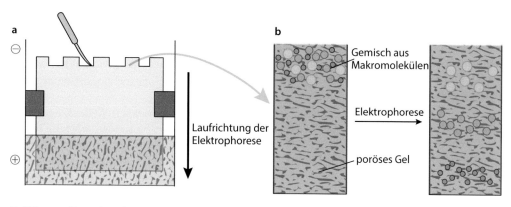

a

b

Gemisch aus Makromolekülen

Laufrichtung der Elektrophorese

Elektrophorese

poröses Gel

◘ **Abb. 4.7** Versuchsaufbau der Elektrophorese. (Aus Berg et al. 2017, Stryer Biochemie. Springer, mit freundlicher Genehmigung)

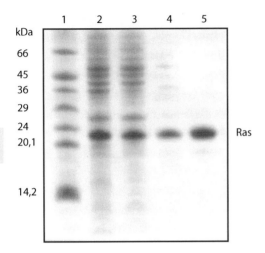

■ **Abb. 4.8** Auswertung der Banden einer Gelektrophorese. Ganz links läuft immer die Referenzbande mit

— Träger muss ein ungeladenes Gel sein, das mit einem nach pH-Wert aufgegliederten Gemisch von schwachen Säuren und Basen durchsetzt wird.

❯ Diese binden an das Gel und stellen einen fixierten Gradienten dar, deswegen bezeichnet man das System als immobilisierten Träger.

— Auf ein Molekularsieb wird bei dem Verfahren verzichtet.

Vorteil der IEF mit immobilisiertem Träger ist die Möglichkeit, eine sogenannte **2D-Gelelektrophorese** durchzuführen. Es ist ein Versuchsaufbau, der erst eine IEF ermöglicht und dann direkt danach eine SDS-PAGE senkrecht dazu auf ein und derselben Platte folgen lässt.

❯ Dadurch entsteht ein spezifisches zweidimensionales Muster, das den proteomalen Istzustand der Zelle widerspiegelt – krank, gesund, Wachstum oder Stillstand.

In der klinischen Labordiagnostik spielt das Verfahren noch keine Rolle, wohl aber in der Proteomik (▶ Abschn. 4.2.1).

Denkstütze

Der isoelektrische Punkt einer Aminosäure oder eines Proteins ist derjenige, wenn sich die positiven und negativen Ladungen genau ausgleichen. Das bedeutet, dass für jede Aminogruppe eine entgegengesetzt geladene Carboxylgruppe vorliegt. Gibt es zwei Aminogruppen und nur eine Carboxylgruppe, so muss eine der Aminogruppen neutral geladen sein. Dadurch ergibt sich für jede Aminosäure ein spezifisches Muster. Man kann es auch mit den Säurekonstanten (pK_s-Werten) berechnen, die noch aus der Chemie bekannt sein sollten (■ Abb. 4.9).

4.1.6 Spektrometrie und Spektroskopie

Nach jahrelang ungeklärter Definition der beiden Begriffe und ihrer unterschiedlich-gemischten Verwendung, wird heute meist von der Spektrometrie gesprochen.

❯ Damit ist die Untersuchung von Stoffen mithilfe von elektromagnetischen Wellen gemeint.

Diese können von sowohl von einer Strahlungsquelle auf das Untersuchungsmaterial gerichtet sein und von diesem verändert werden oder von dem Untersuchungsmaterial selbst kommen.

Je nachdem welche Wellenlänge oder Frequenz die Strahlung hat, trägt sie unterschiedliche Namen. Gängig sind Röntgen-, UV-, Infrarot- und Gammastrahlen sowohl in der Diagnostik als auch bei bestimmten Therapieformen. Die bestrahlte Materie

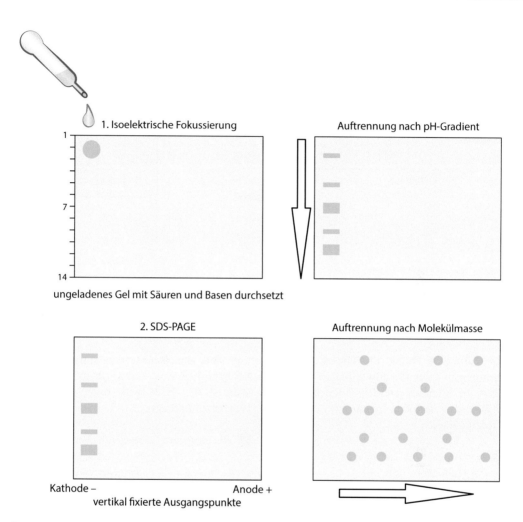

Abb. 4.9 Auswertung einer 2-D-Gelelektrophorese

kann die Strahlung ablenken (reflektieren), abschwächen (absorbieren) oder gar selbst Strahlung freisetzen (emittieren, fluoreszieren). Somit sind Reflexion, Emission, Absorption und Transmission diejenigen Messwerte, die durch einen passenden Detektor ermittelt werden können.

❯ Für die Forschung wird mittlerweile hauptsächlich die Massenspektrometrie verwendet, bei der Moleküle in ihre einzelnen Ionen zerlegt und diese dann erfasst werden.

Das Massenspektrometer hat dazu zwei nacheinander geschaltete (elektro-)magnetische Felder, die durch eine Art Lochblende voneinander getrennt sind. Das erste Feld dient als Geschwindigkeits- und Richtungsfilter, der vordefiniert werden kann, indem elektrische und magnetische Kraft sich exakt die Waage halten. Auf der Rückseite der Lochblende, die dem zweiten rein magnetischen Feld zugewandt ist, befindet sich ein **Detektor**. Die geladenen Teilchen beschreiben nach Durchtritt durch die Lochblende einen halbkreisförmigen Weg in

4

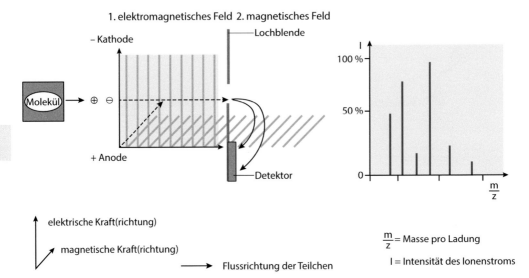

■ Abb. 4.10 Grundsätzlicher Aufbau der Massenspektrometrie und Auswertung. Die Peaks im Diagramm stehen für unterschiedliche Ionen

Richtung des Detektors. Dieser Weg zusammen mit der Geschwindigkeit der Teilchen im Spannungsfeld ermöglicht es, die Masse der Teilchen genau zu ermitteln. Prinzipiell gilt:

❯ Je schwerer das Teilchen, desto größer der Halbkreis.

Die Berechnung ist für Mediziner irrelevant und eher etwas für Physiker, grundsätzlich wird sie von Computern durchgeführt. Wichtig zu verstehen ist, dass damit eine exakte Struktur- oder Massenbestimmung des Moleküls möglich ist (■ Abb. 4.10).

4.1.7 Immunoassay

Bei Immunoassays geht es um **Antigen-Antikörper-Reaktionen**, die auf unterschiedliche Art und Weise genutzt werden, um z. B. Substanzen nachzuweisen. So gibt es auch chromatografische oder elektrophoretische Immunoassays. Im medizinischen All-

tag sind die Reaktionen aufgrund ihrer Schnelligkeit vielgenutzt, ob in Schwangerschaftstests, HIV-Tests oder Antikörpertiterbestimmungen.

❯ Die Immunnephelometrie bedient sich der Agglutination von Antigen-Antikörper-Komplexen in einem Medium, um die Antigenkonzentration mittels photometrischer Verfahren zu bestimmen.

Die Komplexe trüben das meist flüssige Medium, was zu einer Abschwächung der Lichtintensität führt. Es ist ein viel verwendetes Verfahren in der Labordiagnostik von Proteinkonzentrationen in Körperflüssigkeiten.

Der **ELISA** (Enzyme-Linked Immunosorbent Assay) oder **Sandwich-ELISA** ist bekannt geworden als Methode zum Nachweis einer HIV-Infektion, kann aber bei jedem Antigennachweis genutzt werden. So werden auch Antigene und Antikörper der Hepatitiden mittels Sandwich-ELISA untersucht.

❯ Auf einer Platte wird ein spezifischer Antikörper kovalent gebunden.

— Wird die zu untersuchende Körperflüssigkeit auf die Platte gegeben, so bindet nur das spezifisch passende Antigen.
— Danach wird der Überstand ausgewaschen und ein zweiter **(mobiler) Antikörper** hinzugegeben, der wiederum an das Antigen bindet.
— An ihm befindet sich ein Enzym, das aktiviert wird, sobald der mobile Antikörper gebunden ist. Dieses Enzym kann eine Farbreaktion katalysieren.

❯ Je mehr Enzym durch Bindung aktiviert wurde, desto mehr Farbintensität.

— Diese kann wieder photometrisch nachgewiesen werden und ist dann **proportional** der Antigenkonzentration.

Die Bezeichnung Sandwich kommt von dem beidseitigen Angriff des Antigens durch zwei Antikörper. Manchmal besteht auch die Möglichkeit, direkt den ersten Antikörper mit einem Enzym zu koppeln (❑ Abb. 4.11).

4.1.8 Isotopenmarkierung

❯ Soll die Synthese oder der Abbau bestimmter Strukturen ermittelt werden, kann man sich der radioaktiven Isotope bedienen.

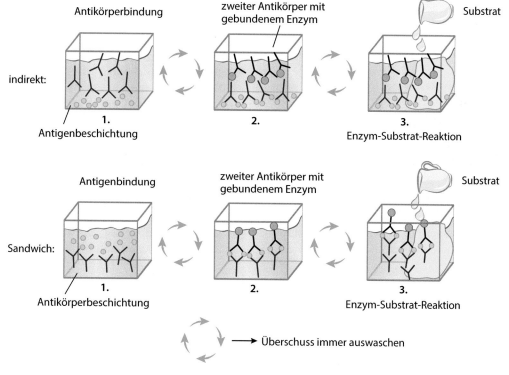

❑ **Abb. 4.11** ELISA. Indirekter und Sandwich-ELISA unterscheiden sich nicht im Ergebnis oder der Anzahl der Schritte, aber im Aufbau. Beim Sandwich wird das Antigen von beiden Seiten von den Antikörpern angegriffen. Der indirekte ELISA ist ein Stapel von Antikörpern direkt aufeinander, das Antigen macht die Bodenhaftung

Das ^{14}C wird dabei bislang am häufigsten verwendet, im lebenden Organismus kommt zum größten Teil sein stabiler Bruder ^{12}C vor. Wird das ^{14}C dem Untersuchungsmaterial hinzugesetzt, so kann man seinen Einbau und Verbleib oder Abbau genau nachvollziehen, indem man die radioaktive Strahlung misst. Die Radiocarbonmethode ist eine Möglichkeit der Altersbestimmung von (lange) toten Organismen, denn durch den Zerfall nimmt der Anteil an ^{14}C ab. Heute kann man aufgrund des Anteils an verschiedenen Isotopen im Organismus auch Rückschlüsse auf seine Herkunft und Ernährung ziehen.

Auch ^{2}H (Deuterium), ^{18}O und ^{32}P kommen viel zum Einsatz und es gibt die Möglichkeit, ganz bestimmte Moleküle mit radioaktiven Isotopen zu markieren, z. B. Proteine. Sind die Verfahren auch noch teuer und aufwendig, finden sie doch bereits Verwendung in der Proteomik und anderen Spezialgebieten. Die Detektion der Strahlung erfolgt regelrecht mittels Massenspektrometrie.

> **Denkstütze**
>
> Isotope sind alle Atome des gleichen Elements, die die gleiche Kernladungszahl und damit die gleichen chemischen Eigenschaften, aber eine unterschiedliche Massenzahl haben. Diese wird durch die Neutronen im Kern verändert. Sind die Isotope instabil, das heißt, haben sie das Bestreben, Teile ihres Kerns abzuspalten, um zu einem stabilen Isotop oder Element zu zerfallen, wird dabei Energie in Form von Strahlung frei. Sie sind radioaktiv. Je nach Zerfallsart können unterschiedliche Strahlungen detektiert werden.

4.2 Gentechnik und Analytik

Fehlt da nicht ein Bindestrich bei Analytik? Nein, das ist kein Fehler, denn in diesem Abschnitt soll es nicht nur um Genanalytik, sondern jedwede Analyse von Molekülen gehen, auch wenn der Fokus sicherlich auf den Genen liegt. Im vorigen Abschnitt ging es viel um einzelne Verfahren und deren Kombinationsmöglichkeiten. Hier geht es mehr darum, diese in einen Kontext zu setzen und das Spektrum um jene Verfahren zu erweitern, die man in den Biochemiepraktika nicht selbst durchführen kann. Einige mögen in ihrer Doktorarbeit mit Blotting in Berührung kommen, die meisten werden jedoch nur von den medizinischen Fortschritten profitieren – schon mal was von CRISPR-Cas9 gehört? Manch eine Methode kann aber auch einen Ausblick geben, was vielleicht in Zukunft für Therapiemöglichkeiten zur Verfügung stehen.

4.2.1 Genomics, Proteomics, Lipidomics

Die drei Bezeichnungen sind eingängig und beschreiben weitaus neue Forschungszweige. Alle Forschungszweige, die mit Metaboliten (Bausteinen) der Zelle beschäftigt sind, werden in der **Metabolomik** zusammengefasst und umfassen noch weitere Felder als die hier erwähnten.

Mit der Entschlüsselung des menschlichen Genoms im April 2003 durch das Human Genome Project waren damit bei Weitem noch nicht alle Geheimnisse der DNA gelüftet.

> ❯ Genomik beschreibt das Forschungsfeld der Interaktionen von Genen und ist seit den 1980er-Jahren etabliert. Genetik ist im Prinzip nur ein Teil der Genomik, denn sie beschäftigt sich mit einzelnen Genen und deren Auswirkung.

Um das menschliche Genom zu verstehen, werden bis heute Modellorganismen verwendet, die vereinfacht in ihrem Aufbau, aber doch ähnlich sind. Über die Hefe Saccharomyces cerevisiae, den Wurm Caenorhabditis elegans bis hin zur gewöhnlichen

Maus Mus musculus, alle tragen sie zum Wissenszuwachs bei. Damit eine Genfunktion und -interaktion erkannt wird, kann man beispielsweise testen, was passiert, wenn man eine Änderung hervorruft. Dafür nutzt man Viren und/oder Bakterien, die in die DNA eingreifen können.

Proteomik wurde 1996 als neue Begrifflichkeit eingeführt und Ende der 1990er als eigener Schwerpunkt definiert.

❯ Ähnlich wie in der Genomik geht es darum, Unterschiede und Interaktionen des Proteinhaushalts von Zellen zu entschlüsseln. Das Problem des Proteoms ist, dass es stark zustandsabhängig ist. Liegt in jeder Zelle eines Organismus das gleiche Genom vor, das nur gewebsspezifisch ausgelesen wird, unterscheidet sich das Proteom von Zelle zu Zelle und von einem Zeitpunkt zum nächsten.

Abgesehen von der 2-D-Elektrophorese ist vor allem die Massenspektroskopie (auch kombiniert mit der Elektrophorese) ein viel verwendetes Verfahren, um das Proteom Stück für Stück zu erforschen. Wie wichtig diese Erkenntnisse sind, lässt sich anhand von Erkrankungen wie Alzheimer erklären, bei denen eine Dysfunktion und Anhäufung von tau-Protein und β-Amyloid mit dem Krankheitsbild zusammenhängt. Die Gesamtheit des Proteoms zu verstehen, ist derzeit noch nicht absehbar, also konzentriert man sich bislang auf konkrete Fragestellungen, die sich nur auf ein oder wenige Proteine beziehen. Man spricht entsprechend von funktionaler Proteomik.

Die **Lipidomik** kam zuletzt Anfang der 2000er dazu, rückte aber erst um 2010 langsam in den Fokus der Forschung. Es wurde lange vernachlässigt, dass auch das **Lipidprofil** einer Zelle im ständigen Wandel ist und das wieder gesamtheitliche Auswirkungen haben kann. Dabei ist es schon Allgemeinwissen, dass eine fettreiche Diät

ungesund ist und ein hoher Cholesterinspiegel vermieden werden muss. Nicht nur die genetischen Dispositionen und Ernährung führen zu einer Veränderung der Lipidzusammensetzung von Zellen. Auch Signalwirkungen, Hormone (viele davon sind Cholesterinderivate) und eben Krankheitsmechanismen können Folge oder Verursacher solcher Änderungen sein. Lipidmuster sind auch so besonders interessant, weil sie viel mit dem Energiestoffwechsel zu tun haben.

4.2.2 Enzyme als Werkzeuge

Wer aufgepasst hat, dem ist schon bei der Photometrie aufgefallen, dass direkt zwei Enzyme in dem Beispielversuch eine entscheidende Rolle gespielt haben. Ohne Glucoseperoxidase und eine weitere Peroxidase würde kein Nachweis erfolgen können. Abgesehen vom Labor werden Enzyme mittlerweile auch in Kapseln verpackt als Medikamente vertrieben. Der Verzicht bei einer erworbenen Laktoseintoleranz auf Speiseeis und Käse kann schwer sein. Heute kann man das fehlende Enzym Lactase als Tablette zuführen. Auch in der Lebensmittelindustrie werden Enzyme genutzt, um Nährstoffe leichter verfügbar zu machen.

Zurück im Labor gibt es richtig spezialisierte Enzymwerkzeuge ähnlich des OP-Bestecks. Die Hauptgruppe der Restriktionsenzyme gehört in jedes molekularbiologische Labor.

❯ Diese können DNA-Sequenzen an ganz bestimmten Stellen schneiden.

Die DNA-Fragmente können dann in weiteren Verfahren genutzt werden.

Der Rockstar unter den Enzymwerkzeugen ist spätestens seit 2012 **CRISPR-Cas9**, keine Caspase, sondern ein **CRISPR-associated protein**.

❯ CRISPR steht für „clustered regularly interspaced short palindromic repeats", kurz eine palindromische Sequenz auf der DNA, die wiederholt vorkommt.

Entdeckt wurden sie bei Bakterien und Archaeen, also Einzellern, die das System zur Virenabwehr nutzen.

— Einmal mit einem Virus konfrontiert, speichert das Bakterium Teile des Virusgenoms in CRISPR-Abschnitten seiner eigenen DNA mittels kurzer Sequenzen ab. So kann es die Information sogar weitervererben. **Interspaced** beschreibt folglich, dass zwischen den eigentlichen palindromischen Repeats ein Raum besteht, der variabel gefüllt sein kann – mit Virus-DNA.

❯ Das Cas9 ist ein Enzym, das geleitet von den CRISPR-Sequenzen DNA schneiden kann.

— Die CRISPR-Sequenzen werden vom Transkriptom regulär abgelesen und in RNA übersetzt, die dann an erneut eindringende Fremd-DNA mit genau dieser gespeicherten Sequenz bindet.
— Das Cas9 verlässt sich blind auf diese Form der Markierung und schneidet den Eindringling in wirkungslose Stücke.

Der entscheidende Erfolg ist, dass man sich das prokaryotische System zu eigen gemacht

hat. Heute kann man CRISPR in jeden Organismus einführen und ihn dort nach Wunsch schneiden lassen. Von den Medien wird sie deswegen als universelle Genschere bezeichnet. Ziel ist es, irgendwann unerwünschte (krankhafte) Anteile der DNA mithilfe von CRISPR eliminieren zu können. Dies würde in der Krebstherapie einen zielgerichteten Angriff der entarteten Zellen ermöglichen und die Elimination von Erbkrankheiten zurück auf die Agenda der Forschung bringen. Zuletzt waren andere Ansätze der Gentherapie weitestgehend ohne Erfolgsaussichten (◨ Abb. 4.12).

4.2.3 Klonierung

Damit ein identisches Abbild von Erbgut erzeugt werden kann, bedarf es zuerst eines **Vektors**.

❯ Anders als in der Mathematik ist ein Vektor in der Biochemie eine Art Transportmedium für DNA oder RNA, die in eine Zelle eingeschleust werden soll.

Je nach Zielzelle gibt es unterschiedliche Vektoren, die zur Verfügung stehen. So können Bakterien durch Viren, Bakteriophagen und Plasmide mit Fremdgenen versehen werden. Die Bakterien vermehren sich und erzeugen damit unzählige Klone der inserierten Abschnitte (◨ Abb. 4.13).

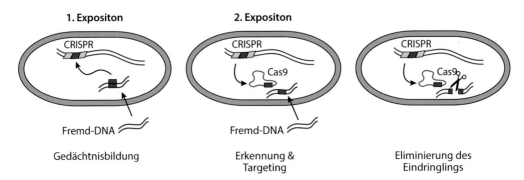

1. Expositon	2. Expositon	
CRISPR	CRISPR	CRISPR
	Cas9	Cas9
Fremd-DNA	Fremd-DNA	
Gedächtnisbildung	Erkennung & Targeting	Eliminierung des Eindringlings

◨ Abb. 4.12   CRISPR-Cas9 ist die „Genschere" der modernen Medizin

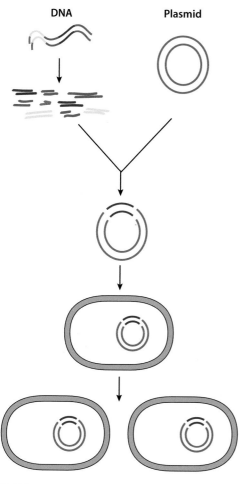

DNA **Plasmid**

Die Taq-Polymerase aus dem Bakterium Thermus aquaticus ist hitzestabil, was für den Ablauf der PCR besonders wichtig ist.

— Zuerst wird die DNA bei 96 °C **denaturiert**, sodass die Primer an den Einzelstrang binden können. Die Taq-Polymerase kann selbst dies überstehen.

— Nach einigen Minuten wird die Temperatur für das sogenannte **Annealing** auf ca. 60 °C gesenkt, sodass die Primer an die 3'-Enden der Einzelstränge binden können.

— Die **Elongation** erfolgt endlich regulär von 5' zu 3' durch die Polymerase bei ihrer optimalen Arbeitstemperatur um die 75 °C.

— Die Länge der synthetisierten Stränge ist noch nicht genau reguliert. Dies geschieht erst durch den nächsten Durchlauf, der wieder mit einer Denaturierung der DNA-Stränge beginnt.

— Nun tauschen die Primer ihre Ansätze und synthetisieren wiederum ihren Anteil, was zu einer klaren Abgrenzung der neuen DNA-Fragmente führt.

Mehrmaliges Durchlaufen der Schritte Denaturierung, Annealing und Elongation führt zu einem exponentiellen Zuwachs der immer gleichen Abschnitte in kürzester Zeit. Die PCR wird in den verschiedensten Fachrichtungen genutzt, um z. B. genetische Erkrankungen zu diagnostizieren oder den genetischen Fingerabdruck eines Menschen zu ermitteln. Vorteil ist die geringe Menge an DNA, die benötigt wird und die Schnelligkeit durch den hochautomatisierten Prozess (◘ Abb. 4.14).

◘ **Abb. 4.13** Klonierung von Genmaterial

4.2.4 **PCR**

❯ Die Polymerasekettenreaktion ist ein Standardverfahren zur Vervielfältigung von DNA-Abschnitten.

Benötigt werden dazu ausreichend freie Nukleotide, zwei **Primer** und eine **Polymerase**.

❯ Die Primer binden an unterschiedliche Stellen der DNA, die vorab bekannt sein müssen, sodass letztlich ein eingegrenzter Bereich abgeschrieben wird.

4.2.5 **cDNA**

❯ Die cDNA ist eine durch reverse Transkriptase erzeugte Kopie der DNA, die zur Erzeugung von Genbibliotheken Nutzung findet.

4

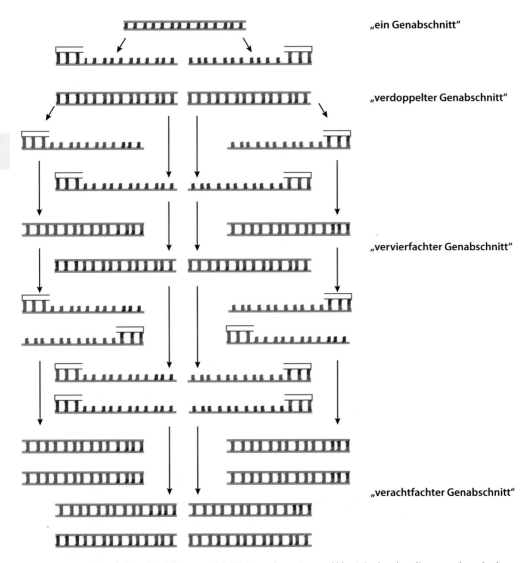

"ein Genabschnitt"

"verdoppelter Genabschnitt"

"vervierfachter Genabschnitt"

"verachtfachter Genabschnitt"

◼ Abb. 4.14   Ablauf der PCR. Die unterschiedlichen Primer *(rot und blau)* docken jeweils so an, dass sie einen definierten Genabschnitt vervielfältigen können

Dabei geht es vor allem um protein-codierende DNA, die durch mRNA gewonnen wird.

— Anhand der Poly-A-Schwänze wird die mRNA erkannt und aufgereinigt. Dafür wird eine Affinitätschromatografie mit Thymidin-Säulen (Oligo-dT) durchgeführt. Die Adeninschwänze bleiben an der Thymidin-Säule „hängen" und können dann gesammelt durch ein passendes Eluent ausgeschwemmt werden.

— Eine aus Retroviren gewonnene reverse Transkriptase ermöglicht es, aus der RNA eine DNA-Kopie zu erstellen.

— Die nicht codierenden 3'-Poly-A-Schwänze werden für das Andocken der Primer verwendet, die entsprechend wieder aus Oligo-dT bestehen.

— Eine anhängige Ribonuklease löst den mRNA-Strang ab, der durch die gleiche reverse Transkriptase mit DNA ersetzt wird.

- Der dafür nötige Primer kann an einer am 3'-Ende überstehenden Haarnadelschleife ansetzen, die nachträglich durch eine Nuklease hydrolysiert wird.
- Es sind doppelsträngige DNA-Abschnitte exklusive der Introns entstanden, die nun in Plasmide eingefügt oder durch PCR vervielfältigt werden können. Damit stehen sie für weitere Verfahren zur Verfügung, z. B. auch zur Synthese von Proteinen. Einziger Nachteil ist das Fehlen regulatorischer Signale, die i.d.R. nicht im proteincodierenden Bereich der DNA zu finden sind.

4.2.6 Blotting

Blotting bezeichnet das „Beflecken" einer Oberfläche, der deutsche Begriff „Abklatsch" kommt dem schon sehr nahe.

❯ Gemeint sind damit eine Übertragung und Fixierung von Molekülen auf einer Membran.

Je nachdem welche Moleküle gemeint sind, spricht man von **Western-Blotting (Proteine)**, **Southern-Blotting (DNA)** oder **Northern-Blotting (RNA)**. Als Erstes wurde die Technik für DNA von Sir Edin M. Southern in den 1970ern entwickelt und dann auf die anderen Biomoleküle ausgeweitet, dabei wurden die Namen and die Himmelsrichtungen angelehnt. Der allgemeine Ablauf ist immer derselbe:

❯ 1. Gelelektrophorese, 2. Abklatsch, 3. Hybridisierung.

- Die **Gelelektrophorese** trennt die Proteine oder die zuvor durch Restriktionsendonukleasen in Fragmente zerteilte DNA bzw. RNA nach ihrer Größe auf.

- Der eigentliche **Blot** erfolgt klassisch auf eine Nitrocellulosemembran. Senkrecht zum Gel wird ein elektrisches Feld angelegt oder ein Kapillartransfer durchgeführt, sodass die Fragmente an ihrer spezifischen Stelle auf der Membran zu liegen kommen. Meist werden die Moleküle noch zusätzlich durch die Ausbildung kovalenter Bindungen an die Membran fixiert. Während die Proteine und RNA schon während der Gelelektrophorese denaturiert werden, wird die DNA erst während des Blots in seine Primärstruktur gelöst.
- Die **Hybridisierung** markiert die gesuchten bzw. zu untersuchenden Fragmente. Bei DNA und RNA werden dazu (radioaktiv) markierte gegenläufige Stränge genutzt, für Proteine bedient man sich der Antikörper (❑ Abb. 4.15).

Heutzutage finden auch Kombinationstechniken Anwendung: Die South-Western-Blots ermöglichen eine Untersuchung von **DNA-Protein-Interaktionen**, während die North-Western-Technik **proteinbindende RNAs** identifiziert.

4.2.7 Hybridom-Technik

Das Wort Hybrid benennt einen Zwischenzustand, nicht Benziner, nicht E-Auto, sondern etwas dazwischen.

❯ Bei der Hybridom-Technik geht es darum, monoklonale Antikörper zu gewinnen, die weitestgehend menschlich sind.

Da ein Mensch jedoch nicht als Antikörper produzierende Maschine dienen kann, benötigt man einen Hybrid aus sich immerfort teilenden **Myelomzellen** und **B-Zellen** eines geeigneten Organismus. Meist ist dieser die Maus, die spezifisch dazu gezüchtet werden kann.

4

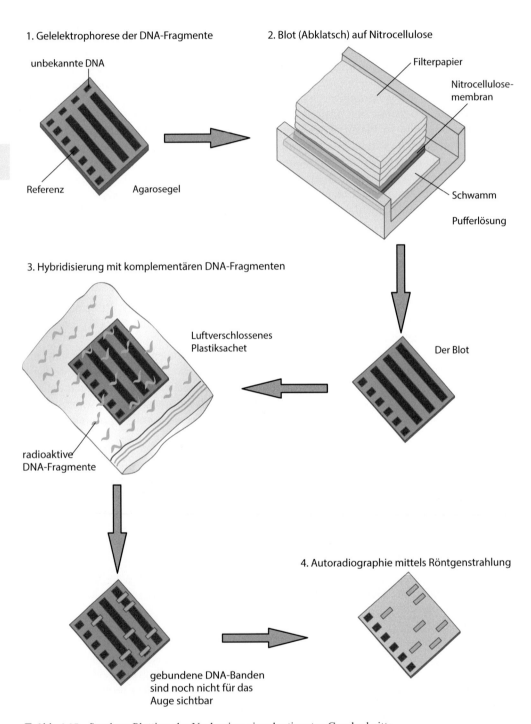

1. Gelelektrophorese der DNA-Fragmente

unbekannte DNA

Referenz   Agarosegel

2. Blot (Abklatsch) auf Nitrocellulose

Filterpapier

Nitrocellulose-
membran

Schwamm

Pufferlösung

3. Hybridisierung mit komplementären DNA-Fragmenten

Luftverschlossenes
Plastiksachet

Der Blot

radioaktive
DNA-Fragmente

gebundene DNA-Banden
sind noch nicht für das
Auge sichtbar

4. Autoradiographie mittels Röntgenstrahlung

☐ **Abb. 4.15**   Southern Blotting, das Nachweisen eines bestimmten Genabschnitts

> Die B-Zell-Donatoren werden dem gewünschten Antigen ausgesetzt und erzeugen B-Zellen.

– Nach einiger Zeit kann den Mäusen die mit reichlich B-Zellen gefüllte Milz entnommen werden.

> Die B-Zellen werden daraus abfiltriert und mit den Myelomzellen durch chemische oder elektrische Einwirkung fusioniert. In dem Fusionsgemisch sind jedoch nicht alle Zellen erfolgreich fusioniert, weswegen die richtigen Zellen durch Selektion erkannt werden müssen.

– Dazu dient i.d.R. das HAT-Medium aus Hypoxanthin, Aminopterin und Thymidin. Die drei vorliegenden Zelltypen sind Hybridomzellen, B-Zellen und Myelomzellen. Nur die fusionierten Zellen können überleben, weil sie einerseits in dem Medium nicht absterben und andererseits die Fähigkeit besitzen, das Hypoxanthin umzusetzen. Verantwortlich dafür ist die **Hypoxanthin-Guanin-Phosphoribosyltransferase**, die absichtlich nicht in den Myelomzellen vorkommt. Die B-Zellen haben ebenjenes Enzym, sterben aber allein im Medium ab. Zusätzlich sind alternative Synthesewege der Nukleotide durch Aminopterin blockiert.

– Somit bleiben zum Schluss nur die erfolgreich fusionierten Hybridomzellen. Unter den Zellen müssen zuletzt jene ermittelt werden, die die gewünschten Antikörper synthetisieren, was mit einem **reversen ELISA-Test** möglich ist.

Gebraucht werden die Antikörper z. B. wiederum für ELISA-Tests oder andere Formen von Immunoassays sowie als moderne Medikamente vor allem bei autoimmunen Erkrankungen (◻ Abb. 4.16).

4

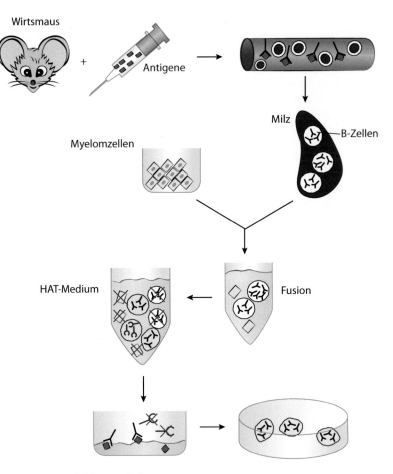

◼ **Abb. 4.16**   Schritte der Hybridom-Technik

Serviceteil

Weiterführende Literatur

Berg JM et al (2017) Stryer Biochemie, 8. Aufl. Springer Spektrum, Heidelberg

Caprio M, Infante M, Calanchini M et al (2017) Vitamin D: not just the bone. Evidence for beneficial pleiotropic extraskeletal effects. Eat Weight Disord 22:27–41

Neubauer D (2019) Wöhlers Entdeckung. Eine andere Einführung in die Biochemie. Springer Spektrum, Heidelberg

Pollard T et al (2016) Cell biology, 3. Aufl. Elsevier, München

Sadava D et al (2006) Purves Biologie, 7. Aufl. Spektrum Akademischer Verlag, Elsevier, München

Sadava D et al (2019) Purves Biologie, 10. Aufl. Springer Spektrum, Heidelberg

Windisch PY (2017) Survivalkit Biochemie. Elsevier, München

Stichwortverzeichnis

Printed in the United States
by Baker & Taylor Publisher Services